动物生物化学实验教程

主　编　臧荣鑫

副主编　李慧婧　魏玉梅

科学出版社

北　京

内 容 简 介

本书首先介绍了生物化学实验室安全常识和动物生物化学实验样品的前处理方法，其次详述了5种生物化学实验常用技术，包括离心技术、分光光度技术、电泳技术、层析技术及生物大分子制备技术，并精选24个相关技术实验，内容涵盖了蛋白质、核酸、糖类、脂类、维生素等生物分子，既有经典实验，也有综合设计实验，以便读者根据实际需求做出选择。

本书既可作为高等院校动物医学、动物科学等相关专业本科生及研究生的实验教材，也可供相关专业的教师参考。

图书在版编目（CIP）数据

动物生物化学实验教程 / 臧荣鑫主编. —北京：科学出版社，2020.5
ISBN 978-7-03-063152-7

Ⅰ. ①动… Ⅱ. ①臧… Ⅲ. ①动物学－生物化学－实验－高等学校－
教材 Ⅳ. ① Q5-33

中国版本图书馆CIP数据核字（2019）第 244646 号

责任编辑：周万灏 刘 丹 / 责任校对：严 娜
责任印制：张 伟 / 封面设计：铭轩堂

科 学 出 版 社 出版
北京东黄城根北街16号
邮政编码：100717
http://www.sciencep.com

北京中科印刷有限公司 印刷
科学出版社发行 各地新华书店经销

*

2020年5月第 一 版 开本：787×1092 1/16
2020年5月第一次印刷 印张：10 1/2
字数：249 000

定价：49.00 元
（如有印装质量问题，我社负责调换）

前　言

动物生物化学实验兼具理论性和实践性，是培养动物医学、动物科学等相关专业学生实验技能的重要课程之一，是动物生物化学实践教学的有机组成部分。随着生物化学技术的不断革新和教育部对高等院校教学评估的要求，我们在总结近年来生物化学实验教学经验的基础上，根据高等院校实际情况，广泛汲取师生建议，结合动物医学和动物科学等专业的实验课程编写了本教材。

本教材精选了 24 个实验，大都以动物材料为主，内容包含蛋白质、核酸、糖类、脂类、维生素等生物分子，在经典实验的基础上，增添了近年来被广泛应用的电泳、层析及生物大分子制备等方面的综合实验项目，体现了动物生物化学实验技术的特点。

本教材共分为七章，第一章介绍了动物生物化学实验常识，包括生物化学实验技术发展简史、实验室基本规则及安全常识；第二章介绍了动物生物化学实验常用样品的处理方法；第三章到第七章从基本原理、分类及应用等方面分别详述了离心技术、分光光度技术、电泳技术、层析技术和生物大分子制备技术。在附录中整理了生物化学实验中常用缓冲液的配制、常用仪器的使用方法、生物化学网络资源等，便于读者更新并获取相关知识。

本教材实用性强，内容衔接紧密，每一种生物化学实验技术简介后紧邻相关实验内容，便于学生在系统学习相关理论的同时，更好地理解实验原理。此外，每个实验均包括实验目的、实验原理、实验器材、实验步骤，注意事项和思考题，以便学生掌握实验的关键步骤、避免出错，同时也锻炼了学生的独立操作和思考能力。对于想自主设计实验的读者，也可根据实际需求在本教程中选择实验内容，以便提升专业理论知识、实验技能和创新能力。本教程既可作为高等院校动物医学、动物科学等相关专业本科生及研究生的实验教材，也可供相关专业的教师参考。

本教材由西北民族大学臧荣鑫组织编写，负责确定本书的结构框架、统稿和校稿工作，并编写第一章和第二章，李慧婧编写第三章至第七章和附录1至附录5，魏玉梅编写附录 6 至附录 8。

本教材的出版获得中央高校基本科研业务专项资金项目（项目编号：31920160056）的资助。在编写过程中，得到了西北民族大学教务处和生命科学与工程学院领导的大力支持，在此特别感谢。此外，还要向参考文献所列著作的作者致谢。

由于编者经验和水平有限，书中内容难免存在不足，恳请读者批评指正。

编　者

2020 年 2 月

目　　录

第一章 动物生物化学实验常识

第一节 生物化学实验技术发展简史

生物化学是一门实验性科学，每一项生物化学知识的研究与发现都离不开实验技术。虽然人类早已在生产实践中应用了各种生物化学技术，如酿酒、酿醋、酿制酱油及制酱等，但是第一个真正意义上的生物化学实验是德国化学家 Eduard Buchner 在 1896 年使用不含细胞的酵母菌提取液成功地在活的生物体外实现了糖转化为乙醇的发酵过程。在 20 世纪，生物化学实验技术进入了快速发展阶段。20 世纪 20 年代微量分析技术导致了维生素、激素和辅酶等的发现。1924 年，瑞典著名的化学家 T. Svedberg 创建的"超离心技术"实现了对生化物质进行离心分离，并准确测定了血红蛋白等复杂蛋白质的相对分子质量，开创了生化物质离心分离的先河。20 世纪 30 年代，电子显微镜技术打开了微观世界的大门，使我们能够看到细胞内的结构和生物大分子的结构。1935 年，Schoenheimer 和 Rittenberg 首次将放射性同位素示踪用于碳水化合物及类脂物质的中间代谢的研究，放射性同位素示踪技术在 20 世纪 50 年代有了快速的发展，在人们阐明生物化学代谢过程中起了决定性作用。1937 年，瑞典化学家 Tisellius 研制了电泳仪，建立了研究蛋白质的移动界面电泳方法，开创了电泳技术的新时代。1941 年，英国科学家 Martin 和 Synge 建立了分配层析技术，利用柱层析使混合液中的氨基酸得到分离，由此层析技术成为分离生化物质的关键技术。在 20 世纪 60 年代，各种仪器分析方法使用于生物化学研究，如高效液相层析（HPLC）技术，红外、紫外、圆二色等光谱技术，核磁共振（MRI）技术等，使生物化学实验技术得到了快速发展。美国科学家 Watson 和英国科学家 Crick 因为在 1953 年提出的 DNA 分子反向平行双螺旋模型而与英国科学家 Wilkins 分享了 1962 年的诺贝尔生理学或医学奖，Wilkins 通过对 DNA 分子的 X 线衍射研究证实了 Watson 和 Crick 的 DNA 模型；Kendrew 和 Perutz 先后对肌红蛋白和血红蛋白的结构进行 X 线结构分析，成为研究生物大分子空间立体结构的先驱。1953 年，英国生物化学家 Sanger 测定了牛胰岛素中氨基酸的序列；1958 年，Stem、Moore 和 Spackman 设计出氨基酸自动分析仪；1967 年，Edman 和 Begg 制成了多肽氨基酸序列分析仪；1973 年，Moore 和 Stein 设计出氨基酸序列自动测定仪，大大加快了蛋白质分析工作的进展。1965 年，我国科研工作者用化学方法在世界上首次人工合成了具有生物活性的结晶牛胰岛素。此外，层析和电泳技术也取得重大的进展，1969 年，Weber 应用十二烷基硫酸钠 - 聚丙烯酰胺凝胶电泳技术测定了蛋白质的相对分子质量，使电泳技术取得了重大进展。1968~1972 年，Anfinsen 创建了亲和层析技术，开辟了层析技术的新领域。

20 世纪 70 年代，核酸研究的开展将生物化学实验技术推入了辉煌发展的时期。1972 年，美国斯坦福大学的 Berg 等首次用限制性内切核酸酶切割了 DNA 分子，并实现了 DNA 分子的重组。1973 年，美国斯坦福大学的 Cohen 等第一次完成了 DNA 重组体的转化。与此同时，各种仪器分析手段进一步发展，制成了 DNA 序列测定仪、DNA 合成仪等。1980 年，英国剑桥大学的生物化学家 Sanger 和美国哈佛大学的 Gilbert 分别设计出两种测定 DNA 分子核苷酸序列的方法，从此，DNA 序列分析法成为生物化学与分子生物学领域最重要的研究手段之一。1981 年，由 Jorgenson 和 Lukacs 提出的高效毛细管电泳技术（HPCE），由于其高效、快速、经济的优点，尤其适用于生物大分子的分析，成为生物化学实验技术和仪器分析领域发展的重大突破。1984 年，德国科学家 Kohler、美国科学家 Milstein 和丹麦科学家 Jerne 发展了单克隆抗体技术，完善了极微量蛋白质的检测技术。1985 年，美国 Cetus 公司的 Mullis 等发明了聚合酶链反应（PCR）技术，对于生物化学和分子生物学的研究工作具有划时代的意义。20 世纪 90 年代后，各种生物化学实验技术得到了进一步的发展和完善，并不断涌现出新的技术手段，如基因芯片、蛋白质芯片等，有力地推动了基因组学、后基因组学及蛋白质组学的研究。

第二节　生物化学实验须知

一、实验室规则

（1）实验课前必须提早到达实验室，且做到不早退。课前须认真预习实验内容。

（2）应自觉遵守课堂纪律，维护课堂秩序，保持室内安静，不得大声喧哗。

（3）实验课时学生应认真听讲，严格按照实验步骤进行实验，同时，简要、准确地将实验结果和数据记录在实验记录本上。实验完成后经教师同意方可离开。课后须按要求书写实验报告，并由课代表收齐后交给教师。

（4）试剂和耗材的摆放要井然有序，使用时注意节约材料，并保持试剂的纯净，严防污染。试剂用完后应及时放回原处，以便他人使用。

（5）实验时须保持实验台、试剂架的整洁，实验结束后须及时洗净并放好各种玻璃器皿，归还试剂及耗材。

（6）使用仪器时应小心谨慎，防止损坏。使用精密仪器时，应严格遵守操作规程，发现故障应立即报告教师。

（7）实验室内严禁吸烟与饮食。易燃液体不得接近明火和电炉，具有挥发性或有毒试剂应在通风橱内量取及配制。

（8）进行动物实验时，在取材结束后应立即对实验动物进行妥善处理，并及时清洗场地，严禁将实验动物或组织器官丢弃在水池内。

（9）实验用过的强酸、强碱必须倒入废液桶，电泳后的凝胶等各种固体废弃物、带有渣滓沉淀的废弃物均应倒入废品缸内，不能倒入水槽或到处乱扔。

（10）仪器或玻璃器皿损坏时，应如实向教师报告，认真填写损坏仪器登记表，并按规定处理。

（11）实验室内一切物品，未经本室负责教师批准，严禁带出室外。

（12）每次实验结束后，值日生须打扫好实验室卫生，并注意切断电源、水源，严防事故发生。

二、实验室安全及防护知识

在生物化学实验室工作，经常与易燃易爆、有腐蚀性甚至有毒的化学药品接触，使用的器皿大都是易碎的玻璃和陶瓷制品，实验室也常使用煤气（天然气）、高温电热设备和各种高低压仪器，因此，安全操作是一个至关重要的问题，每一位在生物化学实验室工作、学习的人员都必须牢固树立安全意识，以及采取严格的防范措施和掌握防护救治知识，一旦发生意外必须正确处置，以防事故进一步扩大化。

1. 安全用电

生物化学实验室要经常使用烘箱和电炉等仪器，因此每位实验人员都必须能熟练地安全用电，避免发生用电事故。人体通过 50Hz 25mA 以上的交流电时会发生呼吸困难，100mA 以上则会致死。

1）防止触电

（1）不用湿手接触电器。

（2）电源裸露部分都应绝缘。

（3）坏掉的接头、插头、插座和不良导线应及时更换。

（4）先接好线路再插接电源，反之先关电源再拆线路。

2）防止电器着火

（1）保险丝、电源线的截面积，以及插头和插座都要与使用的额定电流相匹配。

（2）三条相线要平均用电。

（3）生锈的电器、接触不良的导线接头要及时处理。

（4）电炉、烘箱等电热设备不可过夜使用。

2. 防止火灾、爆炸

生物化学实验操作过程中经常涉及大量的有机溶剂，如甲醇、乙醇、丙酮、三氯甲烷等，还有一些加热时会发生爆炸的混合物，如有机化合物与氧化铜、浓硫酸与高锰酸钾、三氯甲烷与丙酮的混合物等，而且又经常使用电炉、酒精灯等，因此极易发生着火事故。常用有机溶剂的易燃性见表 1-1。

表 1-1　常用有机溶剂的易燃性

名称	沸点 /℃	闪点 [*]/℃	自燃点 [**]/℃
乙醚	34.5	−40	180
丙酮	56.0	−17	538
二硫化碳	46.0	−30	100
苯	80.0	−11	574
乙醇溶液（95%）	78.0	12	400

[*] 闪点：液体表面的蒸气和空气中的混合物在遇明火或火花时着火的最低温度。

[**] 自燃点：蒸气在空气中自燃时的温度。

由表 1-1 可以看出：乙醚、二硫化碳、丙酮和苯的闪点都很低，因此不得存放于可能会产生电火花的普通冰箱内。低闪点液体的蒸气只需接触红热物体的表面便会着火，其中二硫化碳尤其危险。

（1）为了预防火灾，必须严格遵守以下操作规程。

A. 严禁在开口容器和密闭体系中用明火加热有机溶剂，只能使用加热套或水浴加热。

B. 废弃的有机溶剂不得倒入废液桶，只能倒入回收瓶，以后再集中处理。

C. 不得在烘箱内存放、干燥、烘焙有机物。

D．在有明火的实验台面上不允许放置开口的有机溶剂或倾倒有机溶剂。

（2）实验室中一旦发生火灾切不可惊慌失措，要保持镇静，根据具体情况正确地进行灭火或立即报火警。

A．容器中的易燃物着火时，用灭火毯盖灭。因已确证石棉有致癌性，故改用玻璃纤维布作灭火毯。

B．乙醇、丙酮等可溶于水的有机溶剂着火时可以用水灭火。汽油、乙醚、甲苯等有机溶剂着火时不能用水，只能用灭火毯或砂土盖灭。

C．导线、电器和仪器着火时不能用水和二氧化碳灭火器灭火，应先切断电源，然后用"1211 灭火器"（内装二氟一氯一溴甲烷）灭火。

（3）生物化学实验室防止爆炸事故的发生是极为重要的，因为一旦爆炸，其破坏力极强，后果将十分严重。

常见的引起爆炸事故的原因有：①随意混合化学药品，并使其受热、受摩擦和撞击；②在密闭的体系中进行蒸馏、回流等加热操作；③在加压和减压实验中使用了不耐压的玻璃仪器，或反应过于激烈而失去控制；④易燃易爆气体大量逸入室内。

3．严防中毒

生物化学实验室常见的化学致癌物有：石棉、砷化物、铬酸盐、溴化乙锭等。剧毒物有：氰化物、砷化物、乙腈、甲醇、氯化氢、汞及其化合物等。中毒的原因主要是不慎吸入、误食或由皮肤渗入。

（1）为了预防中毒，应注意以下事项。

A．保护好眼睛最重要。使用有毒或有刺激性气体时，必须戴防护眼镜，并应在通风橱内进行。

B．取用有毒试剂时必须戴橡胶手套。

C．严禁用嘴吸移液管，严禁在实验室内饮水、进食、吸烟，禁止赤膊和穿拖鞋。

D．不要用乙醇等有机溶剂擦洗溅洒在皮肤上的药品。

（2）中毒急救的方法主要有如下几种。

A．误食了酸和碱不要催吐，可先立即大量饮水。误食碱者再喝些牛奶；误食酸者饮水后再服 $Mg(OH)_2$ 乳剂，最后喝些牛奶。

B．吸入了毒气，应立即转移到室外，解开衣领，休克者应施以人工呼吸，但不要用口对口法。

C．砷和汞中毒者应立即送医院急救。

4．避免外伤

（1）眼睛灼伤或掉进异物：眼内若溅入任何化学药品，应立即用大量清水冲洗15min，不可用稀酸或稀碱冲洗。若有玻璃碎片进入眼内则非常危险，须小心谨慎，不可自取，不可转动眼球，应通过流泪排出异物，若仍未奏效，则应该用纱布轻轻包住眼睛，急送医院处理。若有木屑等异物进入，可由他人翻开眼睑，用消毒棉签轻轻取出或通过流泪排出异物，待异物排出后再滴几滴鱼肝油。

（2）皮肤灼伤。

A．酸灼伤：先用大量清水冲洗，再用稀 $NaHCO_3$ 溶液或稀氨水浸洗，最后再用清水洗。

B．碱灼伤：先用大量清水冲洗，再用 1% 硼酸溶液或 2% 乙酸溶液浸洗，最后再用清水洗。

C. 溴灼伤：此种灼伤较为危险，伤口不易愈合，一旦灼伤应立即用20%硫代硫酸钠溶液冲洗，再用大量清水冲洗，包上消毒纱布后就医。

（3）烫伤：使用火焰、蒸汽、红热的玻璃和金属时易发生烫伤，发生烫伤后，应立即用大量清水冲洗和浸泡，若起水泡不可挑破，包上纱布后就医，轻度烫伤可涂抹鱼肝油和烫伤膏等。

（4）割伤：这是生物化学实验室常见的伤害，需要特别注意并加以预防，尤其是在向橡皮塞中插入温度计、玻璃管时一定要用水或甘油润滑，用布包住玻璃管轻轻旋入，切不可用力过猛，若发生严重割伤要立即包扎止血，就医时务必检查伤部神经是否被切断。

鉴于上述情况，实验室应准备一个完备的小药箱，专供急救时使用。药箱内应备有：医用酒精、汞溴红（俗名红药水）、结晶紫（俗名紫药水）、止血粉、创可贴、烫伤膏（或万花油）、鱼肝油、1%硼酸溶液或2%乙酸溶液、1%碳酸氢钠溶液、20%硫代硫酸钠溶液、医用镊子和剪刀、纱布、药棉、棉签、绷带等。

5. 防止生物危害

（1）生物材料如微生物、动物的组织、细胞培养液、血液和分泌物都可能存在细菌或病毒感染的潜伏性危险，感染的主要途径除血液外，其他体液也能感染细菌或病毒，因此处理各种生物材料时必须谨慎、小心，做完实验后必须用肥皂、洗涤剂或消毒液充分洗净双手。

（2）使用微生物作为实验材料时，尤其要注意安全和清洁卫生。被污染的物品必须进行高压消毒或焚烧。被污染的玻璃用具应该在清洗和高压灭菌之前先浸泡在适当的消毒液中处理。

（3）进行遗传重组的实验室更应该根据有关规定加强生物危害的防范措施。

6. 警惕放射性伤害

同位素在生物化学实验中的应用越来越普遍，放射性伤害也应引起实验者的高度警惕。同位素的使用必须在指定的具有放射性标志的专用实验室中进行，切忌在普通实验室中操作和存放带有同位素的材料及器具。

第三节　生物化学实验室基本操作

生物化学实验与其他学科的实验一样，有一些基本的操作。按照操作要求进行是实验获得成功的重要保证。本节我们将根据生物化学实验的特点，对一些较特殊的基本操作进行介绍，为今后的实验奠定良好的操作基础。

一、器皿的清洗

1. 玻璃、塑料器皿的清洗

实验室所用的器皿必须保持洁净，这是获得理想实验结果的前提。每个实验人员都应养成实验结束后立即清洗器皿的好习惯，因为带有污物的器皿放久了很难洗刷干净。清洗干净的实验容器应倒置，并确保其壁上有一层均匀水膜而无水珠。

新购买的玻璃器皿表面常附着游离的碱性物质，可先用0.5%的清洗剂洗刷至无污物，再用清水洗净，然后浸泡在1%～2%盐酸中过夜（或浸泡在0.5%的清洗剂中超声清洗），再用清水冲洗，最后用去离子水冲洗两次。

使用过的玻璃器皿，先用清水洗刷至无污物，再用合适的毛刷蘸去污剂（粉）洗刷，或浸泡在 0.5% 的清洗剂中超声清洗（比色皿绝对不可超声清洗），然后用清水彻底洗净去污剂，再用去离子水洗两次。石英和玻璃比色皿的清洗绝对不能用强碱，只能用洗液或 1%～2% 的去污剂浸泡，然后依次用清水和去离子水冲洗干净。

塑料器皿如聚乙烯器皿、聚丙烯器皿等在生物化学实验中用得越来越多。首次使用时可用 8mol/L 尿素（用浓盐酸调 pH 为 1）清洗，接着依次用 1mol/L KOH 溶液和 $1×10^3$mol/L 乙二胺四乙酸（EDTA）除去金属离子的污染，最后用去离子水彻底清洗；以后每次使用时，可只用 0.5% 的去污剂清洗，然后用清水和去离子水洗净即可。

2. 玻璃器皿的干燥

清洗后的器皿要进行干燥。一般定量分析用的烧杯、锥形瓶等器皿洗净即可使用，而分析测试则要求器皿是干燥的。应根据不同的实验要求进行器皿干燥。器皿干燥的方法主要有烘干、烤干、晾干、吹干和用有机溶剂干燥 5 种。

（1）烘干：洗净的器皿可以放在烘箱（电热干燥箱）内烘干，注意器皿放进去之前应尽量把水倒干净。烘箱温度为 105～110℃，烘干 1h 左右；也可放在红外灯干燥箱中烘干。放置器皿时，应注意使器皿的口朝下。此法适用于一般器皿。

（2）烤干：烧杯或蒸发皿可以放在石棉网上用小火烤干。试管可以直接用小火烤干，操作时试管要略微倾斜，管口向下，并不时地来回移动试管，直至烤干。

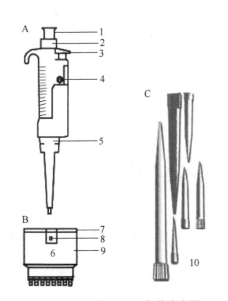

图 1-1　单道移液器（A）、多道移液器（B）及吸头（C）示意图

1. 控制钮，第一挡（液体体积计量，吸入并排出液体），第二挡（吹出吸嘴内剩余液体）；2. 调节钮，用于设定移液量；3. 弹射钮，弹出吸嘴；4. 调整开孔，对移液器进行调整时插入扳手；5. 弹射套筒；6. 多道移液器下半段；7. 盖板；8. 下半段分离键；9. 外罩；10. 各种型号吸头

（3）晾干：洗净的器皿可倒置（部分器皿要平置）在干净的实验柜内的器皿架上，让其自然干燥。

（4）吹干：用烘干器或吹风机把器皿吹干。

（5）用有机溶剂干燥：一些带有刻度的计量器皿，不能用加热的方法干燥，否则会影响器皿的精密度。可以将一些易挥发的有机溶剂（如乙醇或丙酮）加到洗净的器皿中，把器皿倾斜转动，使器壁上的水和有机溶剂混合，然后倾出，少量残留在器皿内的混合液可很快挥发，使器皿干燥。

二、移液器的用法

随着科技的发展，移液器以其操作的便利性和准确性被越来越广泛地应用到生物化学与分子生物学实验中。移液器有固定量程、可调量程和多道可调量程 3 种类型。其规格有 0.1～10μL、0.5～20μL、2～200μL、50～1000μL、100～1000μL、1～10mL 等。通过选择适合规格的移液器及相应的吸头，可量取实验所需体积的液体。单道移液器（也称移液枪）和多道移液器的结构如图 1-1 所示。

移液器的详细用法如下。

（1）设定体积：旋转调节钮可对体积进行连续设定。自显示窗读取显示的数字。最好从大量程开始调节体积，即先将读数调回最大量程，再调至所需量程。

（2）安装吸头：根据移液器量程，从吸头盒中选择合适的吸头并安装。

（3）吸液：单手握住移液器，用拇指按下控制钮第一挡，并将移液器吸头浸入液面下约 3mm，然后使控制钮缓慢滑回原位，移液器移出液面前略等待 3s，随后缓慢提出移液器，并确保吸头外壁无液体，以保证移液的准确度。

（4）排液：将吸头以一定角度抵住试管或微孔板孔的内壁，缓慢将控制钮按下至第一挡并等待至无液体流下，将控制钮按至第二挡使吸头完全排空，按住控制钮将吸头沿内壁向上拉，最后慢放控制钮。

注意：切勿在吸头中有液体时平置移液器，以防液体流入移液器。为达到高精准度，使用新移液器吸头时反复吸、排 2～3 次。离开液面时将吸头抵在容器内壁上，确保将吸头内液体完全排空。需要换吸头时，按压移液器侧面的弹射键弹出吸头。

三、离心管中液体的混匀

在进行生物化学实验时由于目标物质是生物大分子，其液体体积较小，通常为几微升，且操作多在离心管（图 1-2）中进行，因此对离心管中液体的混合有较高的要求，方法主要有如下几种。

（1）离心法：事先将液体移入离心管，盖上盖子，稍弹敲，然后瞬时离心，即可将离心管中的液体混合。该方法适合极微量液体混合时，特别是在 PCR 管中混合液体时。

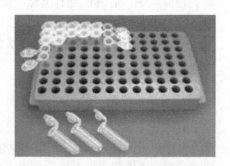

图 1-2　离心管及离心管架

（2）弹敲法：将液体移入离心管中，盖上盖子，左手拇指和中指持离心管盖子两侧，食指轻轻抵住盖子顶部，然后用右手中指或食指敲打离心管底端，反复几次即可混匀。

（3）涡旋法：用涡旋振荡混合器可非常容易地实现对各种离心管中液体的混合。涡旋振荡混合器利用偏心旋转，使离心管中的液体产生涡流，从而达到使液体充分混合的目的。该方法的特点是混匀速度快、彻底，液体呈涡旋状能将管壁上的液体全部混匀。

（4）颠倒混匀法：当离心管中液体体积较大时，可在盖上盖子后用拇指和食指持住离心管的顶部和底部，上下颠倒，反复几次即可将液体混匀。

（5）吹打混匀法：实验室中较常用的一种方法是移液枪吹打混匀法。可在各种液体加到离心管后用移液枪反复吹打，直到混匀为止。

第二章 动物生物化学实验常用样品的处理

第一节 血液样品的采集

血液是生物化学分析中十分重要的样品之一，血液中各种成分的生物化学分析结果是了解机体代谢变化的重要指标，因此必须掌握正确的血液样品的采集及处理方法。

一、采血前的准备

1. 实验动物的准备

血液中有些化学成分有明显的昼夜波动，如血浆皮质醇在早晨高而傍晚低，至午夜降到最低水平；血清铁也有类似的波动。有些成分在动物进食前后有所改变，且进餐后血清容易出现浑浊，影响和干扰结果的准确性，如血糖（GLU）、总胆固醇（TC）、碱性磷酸酶（ALP）等，因此采血应在禁食12h后进行，这样可以将食物对血液各种成分浓度的影响降到最低程度。

2. 采血器具的准备

采血器及样品容器都必须清洁，并且充分干燥和冷却后才能使用。抽取血液时，动作不宜太快，采出的血液要沿管壁慢慢注入盛血容器内。若用注射器采血，采血后应先取下针头，再慢慢注入容器内。推动注射器时速度也不可太快，以免吹起气泡造成溶血。盛血的容器不能用力摇动以免造成溶血。

3. 对采血操作人员的要求

实验动物在出现兴奋、恐惧等状态时，某些生化指标会发生变化，从而影响实验结果的准确性。例如，实验操作过程中动作简单粗暴，会使实验动物体内血液循环和糖消耗加快，血糖结果偏低，因此，要求实验操作人员对待实验动物要有爱心，动作要轻柔。

二、采血部位的确定

各种实验动物的采血部位和方法需视动物的种类、检验项目、试验方法及所需血量而定。一般较大动物如马、牛、猪等多由颈静脉采血；小动物如兔常由耳静脉采血，也可从颈静脉及心脏采血；犬由隐静脉采血；天竺鼠和大白鼠则由心脏采血；家禽由翼静脉和隐静脉及心脏采血。

三、血液采集的注意事项

在采血时要避免溶血，溶血将造成成分混杂，引起测定误差。动脉血和静脉血的化学成分略有差异，除血氧饱和度、二氧化碳分压等有明显不同以外，静脉血中乳酸的浓度比动脉血中的略高。整个试验期间，需保持采血时间一致。动物在饥饿与饱食的不同状态时，血液成分往往有很大不同，所以整个试验期间，选择采取血液样品时，必须保持进食状态的一致。

第二节　血清的制备

血清是全血不加抗凝剂自然凝固后析出的淡黄色清亮液体，其所含成分接近于组织液，代表着机体内环境的物理化学性状，比全血更能反映机体的状态，是常用的血液样品。

血清的制备过程如下：将刚采集的血液直接注入试管，将试管倾斜放置，使血液形成一斜面。夏季于室温下放置，待血液凝固后，即有血清析出；冬季室温较低，不易析出血清，故需将血液置于37℃水浴或温箱中促进血清析出。另外，也可将刚采集的血液注入洁净的离心管中，待血液凝固后，以钝头玻璃棒将血块与管壁轻轻剥离，2000～2500r/min离心15min，便有血清析出。析出的血清应及时用吸管吸出、备用，血清若不清亮或带有血细胞，应离心；制备好的血清，应及时进行实验测定，否则应加盖冷藏备用。

第三节　全血及血浆的制备

若要用全血或血浆作样品，必须在血液凝固前用抗凝剂处理血液。

一、抗凝剂种类

实验室常用的抗凝剂有如下几种，可根据情况选择使用。

1. 草酸钾（钠）

此抗凝剂的优点是溶解度大，可迅速与血中钙离子结合，形成不溶性草酸钙，使血液不凝固。每毫升血液用1～2mg即可。

操作：配制10%草酸钾（钠）水溶液。吸取此液0.1mL放入试管中，慢慢转动试管，使溶液尽量铺散在试管壁上，置80℃烘箱烘干［若超过150℃，草酸钾（钠）则分解］，管壁即呈一薄层白色粉末，加塞备用，每管可抗凝5mL血液。

此抗凝剂制备的抗凝血液常用于非蛋白氮等多种测定项目，不适用于钾、钙的测定，对乳酸脱氢酶、酸性磷酸酶和淀粉酶具有抑制作用，使用时应注意。

2. 草酸钾 - 氟化钠

氟化钠是一种弱抗凝剂，但其浓度2mg/mL时能抑制血液内葡萄糖的分解，因此在测定血糖时常与草酸钾混合使用。

操作：称取草酸钾6g、氟化钠3g，溶于100mL蒸馏水中。每支试管内加入0.25mL，于80℃烘干备用，每管可抗凝5mL血液。

此抗凝剂制备的抗凝血液因氟化钠抑制脲酶，所以不能用于脲酶法的尿素氮测定，也不能用于淀粉酶及磷酸酶的测定。

3. 乙二胺四乙酸二钠（EDTA-Na$_2$）

EDTA-Na$_2$易与钙离子络合而使血液不凝。其有效浓度为0.8mg时可抗凝1mL血液。

操作：配制4% EDTA-Na$_2$水溶液。每支试管0.1mL，80℃烘干。每管可抗凝5mL血液。

此抗凝剂制备的抗凝血液适用于多种生化分析，但不能用于血浆中含氮物质、钙及钠的测定。

4. 肝素

肝素为最佳抗凝剂，主要抑制凝血酶原转变为凝血酶，从而抑制纤维蛋白原形成纤维蛋白而凝血。0.1～0.2mg 或 20IU 肝素可抗凝 1mL 血液。

操作：配制 10mg/mL 的肝素水溶液。每管加 0.1mL，于 37～56℃烘干，可抗凝 5～10mL 血液（市售品为肝素钠溶液，每毫升含 12 500IU 肝素，相当于 100mg 肝素，故每 125IU 相当于 1mg 肝素）。

除上述抗凝剂外，还有柠檬酸钠、草酸铵等，因不常用于生化分析，故不做介绍。

注意：抗凝剂用量不可过多，如草酸盐过多，将造成钨酸法制备血滤液时蛋白质沉淀不完全，测氮时加奈斯勒试剂后易产生浑浊等现象。

二、全血的制备

全血是指抗凝的血液，即在血液取出后立即与适量的抗凝剂充分混合，以免凝固。抗凝剂需预加于准备承接血液的容器中。抗凝剂的种类可以根据实验需要来选择。

将刚采取的血液注入预先加有符合要求的抗凝剂试管中，轻轻摇动，使抗凝剂与血液充分混匀。

三、血浆的制备

血浆是指抗凝血浆，用于测定游离血红蛋白、变性血红蛋白和纤维蛋白原。将已抗凝的全血放置一段时间或于 2000r/min 离心 10min，沉降血细胞，上层清液即为血浆，分离较好的血浆应为淡黄色。为避免产生溶血，必须采用干燥清洁的采血器具，尽量减少振荡。血浆比血清分离得快，而且量多。两者的差别主要是血浆比血清多含一种纤维蛋白原，其他成分基本相同。

四、血液的量取

已制备好的抗凝血液放置后血细胞将自然下沉，往往造成量取全血的误差。因此量取全血时，血液必须充分混合，以保证血细胞和血浆分布均匀。其操作如下。

1. 血液混匀

若血液装在试管中，可用玻璃塞或洁净干燥的橡皮塞塞严管口。缓慢上下颠倒数次，使血细胞、血浆均匀混合。颠倒时切不可用力过猛，以免产生气泡或溶血，也可用一弯成脚形的小玻璃棒插入管内，上下移动若干次，使血液完全混匀。血液混匀后应立即量取，且每次量取前必须重复此操作。

2. 准确量取

血液十分黏稠，应做到准确量取。用吸管量取血液时，要将已充分混匀的血液吸至需要量取血液量的稍上方处，用滤纸片擦净吸管外壁黏着的血液，而后慢慢流至刻度放出多余血液。再次擦净管尖血液，然后运用食指压力控制流出速度，慢慢把血液放入容器内，将最后一滴吹入容器内（若吸管上未印有"吹"的字样，则将管尖贴在接受容器的壁上转动几秒钟，使液体尽量流出即可）。血液流出后，管壁应透明而看不到血液薄层附着。

第四节　无蛋白血滤液的制备

测定血液或其他体液的化学成分时，样品内蛋白质的存在常常干扰测定。因此，需要先制成无蛋白血滤液再行测定。无蛋白血滤液制备的基本原理是以蛋白质沉淀剂沉淀蛋白质，再用过滤法或离心法除去沉淀的蛋白质。常用方法如下。

一、福林 - 吴宪（Folin-Wu）法（钨酸法）

1. 实验原理

钨酸钠与硫酸混合，生成钨酸：

$$Na_2WO_4 + H_2SO_4 \longrightarrow H_2WO_4 + Na_2SO_4$$

血液中的蛋白质在 pH 小于等电点的溶液中可被钨酸沉淀。沉淀液过滤或离心，上清液即为无色而透明、pH 约等于 6 的无蛋白血滤液，可供非蛋白氮、血糖、氨基酸、尿素、尿酸及氯化物等测定使用。

2. 实验试剂

（1）10% 钨酸钠溶液：称取钨酸钠二水合物（$Na_2WO_4 \cdot 2H_2O$）100g 溶于少量蒸馏水中，充分溶解，最后加蒸馏水至 1000mL。此液以 1% 酚酞为指示剂，测试应为中性（无色）或微碱性（呈粉红色）。

（2）1/3mol/L 硫酸溶液。

3. 实验步骤

实验步骤如下。①取 50mL 锥形瓶或大试管一支。②吸取充分混匀的抗凝血液 1 份，擦净管外血液，缓慢放入锥形瓶或试管底部。③准确加入蒸馏水 7 份，混匀，使完全溶血。④加入 1/3mol/L 硫酸溶液 1 份，随加随摇。⑤加入 10% 钨酸钠溶液 1 份，随加随摇。⑥放置约 5min 后，如振摇不再产生泡沫，说明蛋白质已完全变性沉淀。用定量滤纸过滤或离心（2500r/min，10min），即得完全澄清无色的无蛋白血滤液。

制备血浆或血清的无蛋白滤液与上述方法相似。不同点是加水 8 份，而钨酸钠和硫酸各加 1/2 份。

二、氢氧化锌法

1. 实验原理

血液中的蛋白质在 pH 大于等于等电点的溶液中可用 Zn^{2+} 来沉淀。生成的氢氧化锌本身为胶体，可吸附血中葡萄糖以外的许多还原性物质而产生沉淀。所以，此法所得滤液最适作血液葡萄糖的测定（因为葡萄糖多是利用其还原性来定量的）。但测定尿酸和非蛋白氮时不宜使用此滤液。

2. 实验试剂

（1）10% 硫酸锌溶液：称取硫酸锌（$ZnSO_4$）10g 溶于蒸馏水并定容至 100mL。

（2）0.5mol/L 氢氧化钠溶液。

3. 实验步骤

实验步骤如下。①取干燥洁净的 50mL 锥形瓶或大试管 1 支，准确加入 7 份水。②准确加入混匀的抗凝血液 1 份，摇匀。③加入 10% 硫酸锌溶液 1 份，摇匀。④缓慢加入 0.5mol/L 氢氧化钠溶液 1 份，边加边摇。放置 5min，用定量滤纸过滤或离心（2500r/min，10min），得澄清滤液。

三、三氯乙酸法

1. 实验原理

三氯乙酸为有机强酸，能使蛋白质变性而沉淀。

2. 实验试剂

10% 三氯乙酸溶液。

3. 实验步骤

取 10% 三氯乙酸溶液 9 份置于锥形瓶或大试管中，加 1 份已充分混匀的抗凝血液。边加边摇动，使其混匀。静置 5min，过滤或 2500r/min 离心 10min，即得澄清滤液。

第三章　离　心　技　术

第一节　离心技术简介

离心机在生物科学，特别是在生物化学与分子生物学研究领域，已得到十分广泛的应用，每个生物化学与分子生物学实验室都配备多种型号的离心机。离心机主要用于各种生物样品的分离和制备，生物样品悬浮液在高速旋转下，由于巨大的离心作用，悬浮的微小颗粒（细胞器、生物大分子等）以一定的速度沉降，从而与溶液分离，而沉降速度取决于颗粒的质量、大小和密度。

一、离心技术基本原理

离心技术是根据物质在离心力场中的行为来分离物质的。溶液中的固相颗粒受到离心作用时做的圆周运动会产生一个向外离心力（F），将其定义为

$$F = m \cdot a = m \cdot \omega^2 r$$

式中，m 为沉降颗粒的有效质量；a 为旋转的加速度；ω 为转动的角速度；r 为旋转半径，即转子中心轴到沉降颗粒之间的距离。

通常离心力用地球引力的倍数来表示，因而称为相对离心力（RCF）。相对离心力是指在离心力场中，作用于颗粒的离心力相当于地球重力的倍数，单位是重力加速度（g）。例如，$25\,000 \times g$，表示相对离心力为 $25\,000$。此时相对离心力可用下式计算：

$$RCF = 1.119 \times 10^{-5} \times n^2 \times r$$

由上式可见，只要给出旋转半径 r，则 RCF 和 n（转子每分钟转数，r/min）之间可以相互换算。但由于转头的形状及结构的差异，每台离心机的离心管从管口至管底的各点与旋转轴之间的距离是不一样的，且沉降颗粒在离心管中所处位置不同，所受离心力不同。所以在计算时规定旋转半径均用平均半径（r_{av}）代替：$r_{av} = \dfrac{r_{min} + r_{max}}{2}$，科技文献中相对离心力的数据通常是指平均值（$RCF_{av}$），即离心管中点的相对离心力。$r$ 的测量如图 3-1 所示。

一般情况下，低速离心时转速常以 r/min 为单位，高速离心时则以 g 为单位。在报告超速离心条件时，通常用地心引力的倍数（$\times g$）代替每分钟转数（r/min），因为 g 可以更真实地反映颗粒在离心管内不同位置的离心力及其动态变化。

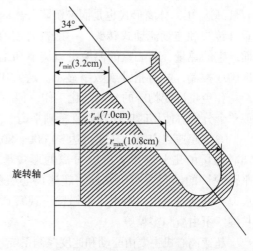

图 3-1　离心机转头截面图

为了便于进行转速和相对离心力之间的换算，Dole 和 Cotaias 利用 RCF 的计算公式，制作了每分钟转数（n）、相对离心力（RCF）和旋转半径（r）三者关系的列线图，图式法比公式法计算方便。换算时，先在 r 标尺上取已知的半径和在 n 标尺上取已知的离心机每分钟转数，然后将这两点间画一条直线，与图中 RCF 标尺的交叉点即为相应的相对离心力数值。**注意**：若已知的每分钟转数值处于 n 标尺的右边，则应读取 RCF 标尺右边的数值，每分钟转数值处于 n 标尺的左边，则应读取 RCF 标尺左边的数值。

二、离心机的类型和构造

实验用离心机分为制备性离心机和分析性离心机。制备性离心机主要用于分离各种生物材料，每次分离的样品容量比较大。分析性离心机一般都带有光学系统，主要用于研究纯的生物大分子和颗粒的理化性质，依据待测物质在离心力场中的行为（用离心机中的光学系统连续监测），推断物质的纯度、形状和相对分子质量等。分析性离心机都是超速离心机。

（一）离心机的类型

1. 制备性离心机

制备性离心机可分为三类：普通离心机、高速冷冻离心机、超速离心机。

（1）普通离心机：最大转速 6000r/min 左右，最大相对离心力约 $6000 \times g$，容量为几十毫升至几升，分离形式是固液沉降分离，转子有角式和外摆式，其转速不能严格控制，通常不带冷冻系统，于室温下操作，用于收集易沉降的大颗粒物质，如红细胞、酵母细胞等。

这种离心机多用交流整流子电动机驱动，电动机的碳刷易磨损，转速由电压调压器调节，启动电流大，速度升降不均匀，一般转头置于一个硬质钢轴上，所以精确地平衡离心管及内容物极为重要，否则会损坏离心机。因此，使用这种离心机时应注意样品热变性和离心管平衡。

（2）高速冷冻离心机：最大转速为 25 000r/min，最大相对离心力为 $89\,000 \times g$，最大容量可达 3L，分离形式也是固液沉降分离。转头配有角式转头、荡平式转头、区带转头、垂直转头和连续流动式转头。一般都有制冷系统，以消除高速旋转转头与空气之间摩擦而产生的热量，离心室的温度可以调节和维持在 0～4℃。转速、温度和时间都可以严格准确地控制，并有指针或数字显示。通常用于细菌菌体、细胞碎片、大细胞器、硫铵沉淀物和免疫沉淀物等的分离纯化工作，但不能有效地沉降病毒、小细胞器（如核蛋白体）或单个分子。使用时应使离心管精确平衡。

（3）超速离心机：转速可达 50 000～80 000r/min，相对离心力最大可达 $510\,000 \times g$，离心容量由几十毫升至 2L，分离的形式是差速沉降分离和密度梯度区带分离，离心管平衡允许的误差要小于 0.1g。超速离心机的出现，使生物科学的研究领域有了新的扩展，它能使过去仅仅在电子显微镜下观察到的亚细胞器得到分级分离，还可以分离病毒、核酸、蛋白质和多糖等。

超速离心机主要由驱动和速度控制系统、温度控制系统、真空系统及转头四部分组成。超速离心机的驱动装置由水冷或风冷电动机通过紧密齿轮箱或皮带变速，或直接用变频感应电动机驱动，并由计算机进行控制，由于驱动轴的直径较小，因而在旋转时此细轴可有一定的弹性弯曲，以适应转头轻度的不平衡，而不至于引起震动或转轴损坏，除速度控制主系统外，还有一个过速保护系统，以防止转速超过转头最大规定转速而引起转头的撕裂或爆炸。

温度控制系统是由安装在转头下面的红外线剂量感受器直接并连续监测离心腔的温度，以保证更准确、更灵敏的温度调控，这种红外线温度控制比高速离心机的热电偶控制装置更敏感、更准确。

超速离心机装有真空系统，这是它与高速离心机的主要区别。离心机的速度在2000r/min时，空气与旋转转头之间的摩擦只产生少量的热；速度大于2000r/min时，由摩擦产生的热量显著增大；当速度大于4000r/min时，由摩擦产生的热量就成为严重问题。因此，将离心腔密封，并将由机械泵和扩散泵串联工作的真空泵系统抽成真空，这样温度的变化容易控制，摩擦力很小，才能达到所需的超高转速。

2. 分析性离心机

分析性离心机使用了特殊设计的转头和光学检测系统，以便连续地监视物质在一个离心力场中的沉降过程，从而确定其物理性质。

分析性超速离心机的转头是椭圆形的，以避免应力集中于孔处。此转头通过一个有柔性的轴连接到一个高速的驱动装置上，转头在一个冷冻的真空腔中旋转，转头上有2～6个装离心杯的小室，离心杯是扇形石英材质的，可以上下透光。离心机中装有一个光学系统，在整个离心期间都能通过紫外吸收或折射率的变化检测离心杯中沉降着的物质，在预定的期间可以拍摄沉降物的照片。在分析离心杯中物质沉降情况时，在重颗粒和轻颗粒之间形成的界面就像是一个折射的透镜，结果在检测系统的照相底板上可产生一个峰，由于沉降不断进行，界面向前推进，因此峰也移动，从峰移动的速度可以计算出样品颗粒的沉降速度。

分析性超速离心机的主要特点是能在短时间内用少量样品得到一些重要信息，能够确定生物大分子是否存在及其大致的含量；计算生物大分子的沉降系数；结合界面扩散，估计分子的大小；检测分子的不均一性及混合物中各组分的比例；测定生物大分子的分子质量；还可以检测生物大分子的构象变化等。

（二）离心机的部件

1. 转头

（1）角式转头：角式转头是指离心管腔与转轴呈一定倾角的转头。它是由一块完整的金属制成的，其上有4～12个装离心管用的机制孔穴，即离心管腔，孔穴的中心轴与旋转轴之间的夹角为20°～40°，角度越大沉降越结实，分离效果越好。这种转头的优点是具有较大的容量，且重心低，运转平衡，寿命较长，颗粒在沉降时先沿离心力方向撞向离心管，然后再沿管壁滑向管底，因此管的一侧就会出现颗粒沉积，此现象称为"壁效应"。壁效应容易使沉降颗粒受突然变速产生对流的扰乱，影响分离效果。

（2）荡平式转头：这种转头由吊着的4个或6个自由活动的吊桶（离心套管）构成。当转头静止时，吊桶垂直悬挂；当转头转速达到200～800r/min时，吊桶荡至水平位置，这种转头最适合做密度梯度区带离心，其优点是梯度物质可放在保持垂直的离心管中，离心时被分离的样品带垂直于离心管纵轴，而不像角式转头中样品沉淀物的界面与离心管呈一定角度，因而有利于离心结束后由管内分层取出已分离的各样品带。其缺点是颗粒沉降距离长，离心所需时间也长。

（3）区带转头：区带转头无离心管，主要由一个转子桶和可旋开的顶盖组成，转子桶中装有十字形隔板装置，把桶内分隔成 4 个或多个扇形小室，隔板内有导管，梯度液或样品液从转头中央的进液管泵入，通过这些导管分布到转子四周，转头内的隔板可保持样品带和梯度介质的稳定。沉降的样品颗粒在区带转头中的沉降情况不同于角式转头和荡平式转头，在径向的散射离心力作用下，颗粒的沉降距离不变，因此区带转头的壁效应极小，可以避免区带和沉降颗粒的紊乱，分离效果好，而且还有转速高、容量大、回收梯度容易和不影响分辨率的优点，使超速离心用于工业生产成为可能。区带转头的缺点是样品和介质直接接触转头，耐腐蚀要求高，操作复杂。

（4）垂直转头：其离心管是垂直放置，样品颗粒的沉降距离最短，离心所需时间也短，适合用于密度梯度区带离心，离心结束后液面和样品区带要作 90° 转向，因而降速要慢。

（5）连续流动转头：可用于大量培养液或提取液的浓缩与分离，转头与区带转头类似，由转子桶和有入口与出口的转头盖及附属装置组成，离心时样品液由入口连续流入转头，在离心力作用下，悬浮颗粒沉降于转子桶壁，上清液由出口流出。

2. 离心管

离心管主要用塑料或不锈钢制成。塑料离心管常用材料有聚乙烯（PE）、聚碳酸酯（PC）、聚丙烯（PP）等，其中 PP 管性能较好。塑料离心管的优点是透明（或半透明），可以直观地看到样品离心情况，但是易变形，抗有机溶剂腐蚀性差，使用寿命短。不锈钢管强度大，不变形，能抗热、抗冻、抗化学腐蚀。但用时也应避免接触强腐蚀性的化学药品，如强酸、强碱等。

塑料离心管都有管盖，离心前管盖必须盖严。管盖有 3 种作用：①防止样品外泄，用于有放射性或强腐蚀性的样品时，这点尤其重要；②防止样品挥发；③支持离心管，防止离心管变形。

三、常用的离心方法

超速离心机容量较大，主要用于分离制备线粒体、溶酶体和病毒，以及具有生物活性的核酸、酶等生物大分子等。分析性超速离心机另装有光学系统，可以监测离心过程中物质的沉降行为并能拍摄成照片。在操作技术上，最常用的是差速离心和密度梯度离心。

在离心力场的作用下，物质颗粒以一定的速度向离心管底部运动，这个移动的速度，即沉降速度（v）可用下式表示：

$$v = \frac{dr}{dt}$$

式中，r 为离心机的旋转半径；t 为离心机的运转时间。沉降速度与离心力场成正比，这一比例常数为沉降系数，用 s 表示。

$$s = \frac{沉降速度}{单位离心力场} = \frac{dr/dt}{\omega^2 r}$$

式中，ω 是离心转子的角速度。

所谓沉降系数，就是在单位离心力场中颗粒沉降的速度。s 的单位是秒（s），因为许多生物大分子的 s 值很小，所以定义 10^{-13}s 作为沉降系数的单位。为了纪念超速离心分析的创始人 Svedberg，10^{-13}s 这个数量级定为一个 Svedberg 单位，用 S 表示。

沉降系数是一个特定的物理量，规定 20℃的纯水中测得的沉降系数用 $S_{20,w}$ 表示，右下角的 20 表示温度，w 表示水。由于许多生物大分子的沉降系数表现了浓度的依赖性，所以用浓度接近零的外推值来表示生物大分子的沉降系数，即 $S^0_{20,w}$，右上角的零表示浓度为零。例如，溶菌酶的沉降系数为 2.15×10^{-13}s，通常称为 2.15S，过氧化氢酶的沉降系数为 11.35×10^{-13}s，就称为 11.35S。

（一）差速离心法

差速离心（differential centrifugation）是指采用逐渐增加离心速度或低速和高速交替进行离心，使沉降速度不同的颗粒，在不同的离心速度及不同离心时间下分批分离的方法（图 3-2）。此法一般用于分离沉降系数相差较大的颗粒，如分离组织匀浆液中的细胞器和病毒。

差速离心首先要选择好颗粒沉降所需的离心力和离心时间。当以一定的离心力在一定的离心时间内进行离心时，在离心管底部就会得到最大和最重颗粒的沉淀，分出的上清液在加大转速再进行离心，得到较大较重颗粒的沉淀及含较小和较轻颗粒的上清液，如此多次离心处理，即能把液体中的不同颗粒较好地分离开。此法所得的沉淀是不均一的，仍含有其他成分，需经过 2～3 次的再悬浮和再离心，才能得到较纯的颗粒。

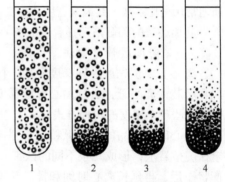

图 3-2　差速离心示意图
离心管 1～4，离心力增加，颗粒逐级被分离

此法主要用于在组织匀浆中分离细胞器和病毒，优点是：操作简易，离心后用倾倒法即可将上清液与沉淀分开，并可使用容量较大的角式转头。缺点是：需多次离心，沉淀中有夹带，分离效果差，不能一次得到纯颗粒，沉淀于管底的颗粒受挤压容易变性失活。

（二）密度梯度离心法

密度梯度离心法，又称区带离心法，是将样品加在惰性梯度介质中进行离心沉降或沉降平衡，在一定的离心力下把颗粒分配到梯度中某些特定位置上，形成不同区带的分离方法。此法的优点是：①分离效果好，可一次获得较纯颗粒；②适应范围广，能像差速离心法一样分离具有沉降系数差的颗粒，又能分离有一定浮力密度差的颗粒；③颗粒不会被挤压变形，能保持颗粒活性，并防止已形成的区带由于对流而引起混合。此法的缺点是：①离心时间较长；②需要制备惰性梯度介质溶液；③操作严格，不易掌握。

密度梯度离心法又可分为如下两种。

1. 差速区带离心法

当不同的颗粒间存在沉降速度差时（不需要像差速沉降离心法所要求的那样大的沉降系数差），在一定的离心力作用下，颗粒各自以一定的速度沉降，在密度梯度介质的

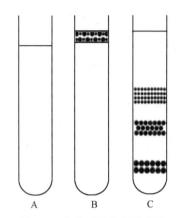

图 3-3　差速区带离心示意图
A. 充满密度梯度溶液的离心管；B. 样品加于介质顶部；C. 离心力作用下，粒子按照分子质量以不同的速度移动

不同区域形成区带的方法称为差速区带离心法（图 3-3）。此法仅用于分离有一定沉降系数差的颗粒（20% 的沉降系数差或更少）或分子质量相差 3 倍的蛋白质，与颗粒的密度无关，大小相同、密度不同的颗粒（如线粒体、溶酶体等）不能用此法分离。

离心管先装好密度梯度介质溶液，样品液加在梯度介质的液面上，离心时，由于离心力的作用，颗粒离开原样品层，按不同沉降速度向管底沉降，离心一定时间后，沉降的颗粒逐渐分开，最后形成一系列界面清楚的不连续区带，沉降系数越大，往下沉降越快，所呈现的区带也越低，离心必须在沉降最快的大颗粒到达管底前结束。样品颗粒的密度要大于梯度介质的密度。梯度介质通常用蔗糖溶液，其最大密度和浓度可达 $1.28kg/cm^3$ 和 60%。

此离心法的关键是选择合适的离心转速和时间。

2. 等密度区带离心法

离心管中预先放置好梯度介质，样品加在梯度液面上，或样品预先与梯度介质溶液混合后装入离心管，通过离心形成梯度，这就是预形成梯度和离心形成梯度的等密度区带离心法产生梯度的两种方式。

离心时，样品的不同颗粒向上浮起，一直移动到与它们的密度相等的等密度点的特定梯度位置上，形成几条不同的区带，这就是等密度区带离心法，见图 3-4。体系到达平衡状态后，再延长离心时间和提高转速已无意义，处于等密度点上的样品颗粒的区带形状和位置均不再受离心时间的影响，提高转速可以缩短达到平衡的时间，离心所需时间以最小颗粒到达等密度点（即平衡点）的时间为基准，有时长达数日。

等密度区带离心法的分离效率取决于样品颗粒的浮力密度差，密度差越大，分离效果越好，与颗粒大小和形状无关，但大小和形状决定着达到平衡的速度、时间和区带宽度。

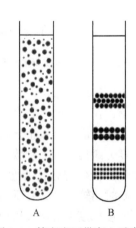

图 3-4　等密度区带离心示意图
A. 样品与梯度介质混合的均匀溶液；
B. 离心力作用下，梯度介质重新分布，样品停留在等密度处

理想的梯度材料应具备以下几点：①与被分离的生物材料不发生反应，即完全惰性，且易与所分离的生物粒子分开；②可达到要求的密度范围，且在所要求的密度范围内，黏度小，渗透压低，离子强度和 pH 变化较小；③不会对离心设备产生腐蚀作用；④容易纯化，价格便宜或容易回收；⑤浓度便于测定，如具有折光率；⑥对于超速离心分析工作来说，它的物理性质、热力学性质应该是已知的。这些条件是理想条件，完全符合每种性能的梯度材料几乎是没有的。

下面介绍几种基本符合上述原则的梯度材料。①糖类：蔗糖、聚蔗糖、右旋糖苷、糖原；②无机盐类：氯化铯、氯化铷、氯化钠等；③有机碘化物：三碘苯甲酰葡糖胺（matrizamide）等；④硅溶胶：Percoll；⑤蛋白质：牛血清白蛋白；⑥重水；⑦非水溶性有机物：氟代碳等。

梯度材料的应用范围如下。

（1）蔗糖：水溶性大，性质稳定，渗透压较高，其最高密度可达 1.33g/mL，且由于价格低容易制备，是实验室里常用于细胞器、病毒、RNA 分离的梯度材料，但由于有较大的渗透压，不宜用于细胞的分离。

（2）聚蔗糖：商品名 Ficoll，常采用 Ficoll-400，相对分子质量为 400 000。Ficoll 渗透压低，但它的黏度却特别高，为此常与泛影葡胺混合使用以降低黏度，主要用于分离各种细胞，包括血细胞、成纤维细胞、肿瘤细胞、鼠肝细胞等。

（3）氯化铯：是一种离子性介质、水溶性大，最高密度可达 1.91g/mL。由于它是重金属盐类，在离心时形成的梯度有较好的分辨率，被广泛地应用于 DNA、质粒、病毒和脂蛋白的分离，但价格较贵。

（4）卤化盐类：氯化钠可用于脂蛋白分离，碘化钾和碘化钠可用于 RNA 分离，其分辨率高于氯化铯。氯化钠梯度也可用于分离脂蛋白，碘化钠梯度可分离天然或变性的 DNA。

收集区带的方法有许多种：①用注射器和滴管由离心管上部吸出；②用针刺穿离心管底部滴出；③用针刺穿离心管区带部分的管壁，将样品区带抽出；④用一根细管插入离心管底，泵入超过梯度介质最大密度的取代液，将样品和梯度介质压出，用自动分部收集器收集。

等密度区带离心法所用的梯度介质通常为氯化铯，其密度可达 1.7g/cm³。此法可分离核酸、亚细胞器等，也可以分离复合蛋白质，但简单蛋白质不适用。

差速区带离心法和等密度区带离心法这两种方法相较而言，各有特点，如表 3-1 所示。

表 3-1 差速区带离心法与等密度区带离心法的主要特点

特点	差速区带离心法	等密度区带离心法
梯度介质类型	Ficoll、Percoll 及蔗糖等有机小分子	氯化铯等无机盐
介质密度	比待分离样品密度小	密度梯度覆盖待分离样品的密度
与离心时间的关系	受限制	不受限制
用于分离的样品特点	相对分子质量不同	密度不同
用于分离的样品类型	蛋白质、亚细胞器等	核酸等

四、离心机操作的注意事项

高速离心机与超速离心机是生物化学实验教学和生物化学科研的重要精密设备，因其转速高，产生的离心力大，使用不当或缺乏定期的检修和保养，都可能发生严重事故，因此使用离心机时必须严格遵守操作规程。

1. 选择恰当规格的离心管

装载溶液时，要根据各种离心机的具体操作说明进行，根据待离心液体的性质及体积选用合适的离心管。有的离心管无盖，液体不能装得过多，以防离心过程中液体被甩出而造成转头不平衡甚至造成离心机生锈或被腐蚀。但制备性超速离心机除外，该离心机使用的离心管常常要求必须将液体装满，以免离心时塑料离心管的上部凹陷变形。

2. 注意配平操作

使用各种离心机时，必须事先在天平上精密地平衡离心管和其内容物，平衡时质量之差不得超过各个离心机说明书上所规定的范围，每个离心机不同的转头有各自的允许差值，转头中绝对不能装载单数的管子，当转头只是部分装载时，管子必须互相对称地放在转头中，以便使负载均匀地分布在转头的周围。

3. 离心过程中不得随意离开

使用离心机离心时，应随时观察离心机的工作状态是否正常，如发现声音异常应立即按下停止按钮，待离心机停止转动后开盖检查并排除故障。

4. 不得过速使用

每个转头各有其允许的最高转速和使用累积限时，使用转头时要查阅说明书，不得过速使用。每一转头都要有一份使用档案，记录累积的使用时间，若超过了该转头的最高使用限时，则须按规定降速使用。

5. 注意保护转头

每次使用后，必须仔细检查转头，及时清洗、擦干，转头是离心机中需重点保护的部件，搬动时要小心，不能碰撞，避免造成伤痕；转头长时间不用时，要涂上一层光蜡保护；严禁使用显著变形、损伤或老化的离心管。

6. 注意操作温度

在离心过程中，为了防止欲分离物质的凝集、变性和失活，除了在离心介质的选择方面加以注意外，还必须控制好温度。离心温度一般控制在4℃左右，对于某些耐热性较好的生化物质，也可以在室温条件下进行离心分离。但是在超速离心和高速离心时，由于转头高速旋转会发热而引起温度升高，必须采用冷冻系统，使温度维持在一定范围内。温度的控制是由离心机本身设置的温度调节系统进行的，若要在低于室温的温度下离心，转头在使用前应放置在冰箱或置于离心机的转头室内预冷。

7. 注意 pH

离心介质的 pH 必须使处于待分离物质稳定的 pH 范围内，必要时采用缓冲溶液。过高或过低的 pH 可能引起酶等生物活性物质的变性失活，还可能引起转头和离心机其他部件的腐蚀，应当加强注意。

第二节　离心技术实验

实验一　蛋白质的沉淀反应

一、**实验目的**

（1）掌握沉淀蛋白质的几种方法及其意义。

（2）了解蛋白质变性与沉淀的关系。

二、**实验原理**

蛋白质的水溶液是一种比较稳定的亲水胶体。一方面是由于蛋白质颗粒表面带有很多与水具有高亲和性的极性基团（—NH₃⁺、—COO⁻、—SH），当蛋白质与水相遇时在其表面形成一层水化层，水化层的存在使蛋白质颗粒相互隔开，颗粒之间不会碰撞而聚成大颗粒，因此蛋白质在溶液中比较稳定而不会沉淀；另一方面是因为蛋白质颗粒在非等电点状态时带有相同电荷，使得蛋白质颗粒间相互排斥，保持一定距离，不会互相凝聚沉淀。

蛋白质由于带有电荷和水化层而在水溶液中形成稳定的胶体，在一定理化因素影响下，蛋白质颗粒由于电荷层的失去及水化层的破坏而从溶液中沉淀析出。蛋白质的沉淀可分为可逆沉淀反应与不可逆沉淀反应两类。可逆沉淀反应：沉淀蛋白质分子的结构尚未发生显著变化，除去引起沉淀的因素后，沉淀蛋白质仍能溶于原来的溶剂中，并保持其天然性质不变。不可逆沉淀反应：蛋白质发生沉淀后，其分子内部结构，特别是空间结构已受到破坏，失去生物学活性，除去导致沉淀的因素后仍不能恢复原来的性质。蛋白质变性后，有时由于维持溶液稳定的条件仍存在（如电荷），并不析出。因此，变性的蛋白质并不一定析出沉淀，而沉淀的蛋白质也不一定都已变性。

三、实验器材

1. 材料

鸡蛋。

2. 试剂

（1）5% 卵清蛋白溶液。

（2）饱和硫酸铵溶液：称取硫酸铵 220g，研磨成粉末状，加入蒸馏水 250mL，加热至绝大部分硫酸铵固体溶解为止，趁热过滤，放置室温下平衡 1～2 天，有固体析出时即达 100% 饱和度，用时取上层液体。

（3）3% 硝酸银溶液。

（4）5% 三氯乙酸溶液。

（5）95% 乙醇溶液。

（6）pH4.7 乙酸 - 乙酸钠缓冲液。

（7）硫酸铵结晶粉末。

（8）0.1mol/L 盐酸溶液。

（9）0.1mol/L 氢氧化钠溶液。

（10）0.05mol/L 碳酸钠溶液。

（11）0.1mol/L 乙酸溶液。

（12）甲基红溶液：称取甲基红 50mg，溶于 125mL 60% 乙醇溶液中。

（13）蒸馏水。

3. 器具

天平、研钵及研磨棒、离心机、离心管、恒温水浴锅、试管及试管架、量筒、小烧杯、滴管、漏斗、玻璃棒、滤纸。

四、实验步骤

1. 蛋白质的盐析

向试管中加入 5% 卵清蛋白溶液 5mL，再加等量的饱和硫酸铵溶液，振荡试管使液体混匀，试管静置数分钟，观察沉淀的生成（此时应析出球蛋白的沉淀物），将此溶液转移至离心管中，2000r/min 离心 5min，将上清液小心转移至小烧杯，再向剩余的沉淀中加少量蒸馏水，观察沉淀是否溶解并解释原因。

向小烧杯中的上清液添加适量硫酸铵结晶粉末，一边加一边摇匀，直至不再溶解为止，此时析出的沉淀为白蛋白，将此溶液转移至离心管，2000r/min 离心 5min。弃上清，向沉淀中加少量蒸馏水，观察沉淀是否溶解并解释原因。

2. 重金属离子沉淀蛋白质

取 1 支试管，加入 5% 卵清蛋白溶液 2mL，再加入 3% 硝酸银溶液 1～2 滴，振荡试管使液体混匀，观察沉淀的生成。试管静置片刻，倾去上清液，向沉淀中加入少量蒸馏水，观察沉淀是否溶解并解释原因。

3. 有机酸沉淀蛋白质

取 1 支试管，加入 5% 卵清蛋白溶液 2mL，再加入 5% 三氯乙酸溶液 1mL，振荡试管使液体混匀，观察沉淀的生成。试管静置片刻，倾去上清液，向沉淀中加入少量蒸馏水，观察沉淀是否溶解并解释原因。

4. 有机溶剂沉淀蛋白质

取 1 支试管，加入 5% 卵清蛋白溶液 2mL，再加入 2mL 95% 乙醇溶液，振荡试管使液体混匀，观察沉淀的生成。

5. 乙醇引起的蛋白质变性与沉淀

取 3 支试管编号，按表 3-2 顺序加入试剂。

表 3-2　蛋白质变性与沉淀

管号	5% 卵清蛋白溶液 /mL	0.1mol/L 氢氧化钠溶液 /mL	0.1mol/L 盐酸溶液 /mL	pH4.7 乙酸 - 乙酸钠缓冲液 /mL	95% 乙醇溶液 /mL
1	1	—	—	1	1
2	1	1	—	—	1
3	1	—	1	—	1

振荡试管使液体混匀，观察各管有何变化。放置片刻，向各管内加蒸馏水 8mL，然后在第 2、3 号试管中各加 1 滴甲基红溶液，再分别用 0.1mol/L 乙酸溶液及 0.05mol/L 碳酸钠溶液中和，观察各管颜色变化和沉淀的生成。每管再加 0.1mol/L 盐酸溶液数滴，观察沉淀的再溶解。解释各管发生的全部现象。

6. 实验结果

根据实验中观察到的现象填写表 3-3～表 3-7。

表 3-3　蛋白质的盐析

	现象	解释现象
球蛋白沉淀		
沉淀的溶解情况		
白蛋白沉淀		
沉淀的溶解情况		

表 3-4 重金属离子沉淀蛋白质

	现象	解释现象
蛋白质沉淀		
沉淀的溶解情况		

表 3-5 有机酸沉淀蛋白质

	现象	解释现象
蛋白质沉淀		
沉淀的溶解情况		

表 3-6 有机溶剂沉淀蛋白质

	现象	解释现象
蛋白质的沉淀		

表 3-7 乙醇引起的蛋白质变性和沉淀

管号	现象	解释现象
1		
2		
3		

五、注意事项

（1）蛋白质盐析实验中应先加蛋白质溶液，然后加饱和硫酸铵溶液。

（2）固体硫酸铵若加到饱和则有结晶析出，故勿与蛋白质沉淀混淆。

六、思考题

（1）用有机酸和重金属离子沉淀蛋白质时，对溶液的 pH 各有何要求？在此 pH 时沉淀效果好，为什么？

（2）沉淀和变性有何异同？

实验二　动物肝总RNA的分离制备

一、实验目的

（1）掌握从动物组织中分离 RNA 的基本原理。

（2）学习并掌握离心机的使用方法。

二、实验原理

生物细胞中 RNA 包括 mRNA、tRNA 和 rRNA。将这 3 种 RNA 同时制备出来的混合物称为总 RNA。它们也可以分别制备，但方法各异，如 mRNA 可以在制备得到总 RNA 的基础上，用亲和层析法获得。

RNA 对核糖核酸酶（RNase）极为敏感，极易被该酶降解。所以在破碎细胞、制备 RNA 的过程中，及时使 RNase 变性就显得极为关键。但是，此酶性质十分稳定，即使加热至 95℃，它仍然可以在 10min 内恢复活力。所以，为了获得完整的 RNA，要求在 4℃ 以下进行制备，同时要使用各种抑制剂以抑制该酶的活性，常用的抑制剂有苯酚、十二烷基硫酸钠（SDS）、肝素、焦碳酸二乙酯、盐酸胍等。此外，实验所需的全部试剂均应高压灭菌，所用器皿需经高压灭菌或经 200℃烘烤，也可以用焦碳酸二乙酯等处理，操作时需要戴手套，以防污染。

本实验中，将细胞破碎后，先用稀盐溶液将大部分核糖核蛋白溶解（此时脱氧核糖核蛋白形成沉淀，极少溶解），然后在溶液中及时加入苯酚使蛋白质变性。离心除去变性蛋白质（此时脱氧核糖核蛋白因不溶解也一同除去），所获得的上清液中主要为 RNA。

用氯仿 - 异戊醇进一步除去其中残留的少量蛋白质后，利用 RNA 微溶于水而不溶于有机溶剂的性质，用预冷的 95% 乙醇溶液把 RNA 沉淀出来。为促进 RNA 的沉淀，可在乙醇中加入乙酸盐作为助沉剂。

制品中 RNA 的含量可以用紫外吸收法、定磷法测定。

三、实验器材

1. 材料

鸡肝（或其他动物新鲜肝）。

2. 试剂

（1）SDS 缓冲液［pH 5.0，0.3%SDS-0.1mol/L NaCl-0.015mol/L 乙酸钠］：称取 1.5g SDS、2.92g NaCl、2.05g 乙酸钠溶于蒸馏水中，用乙酸调至 pH 5.0，定容至 500mL。

（2）饱和酚：苯酚需要新蒸除醌（红色）才能使用。新蒸酚（酚的沸点为 181.8℃）用等体积 SDS 缓冲液充分颠倒振荡，于暗处静置过夜，次日取下层酚液备用。

（3）氯仿 - 异戊醇：按氯仿：异戊醇＝24：1 配制。

（4）含 2% 乙酸钠的 95% 乙醇溶液。

（5）0.9% NaCl 溶液、95% 乙醇溶液、无水乙醇、RNase-free ddH$_2$O。

3. 器具

组织捣碎机（或玻璃匀浆器）、冷冻离心机、离心管（耐酚腐蚀）、数显旋转式振荡器、电子天平、吸管、移液枪、带塞锥形瓶、量筒、剪刀等。

四、实验步骤

（1）从鸡肝（也可用其他动物新鲜肝）中提取总 RNA，实验前使鸡饥饿 24h，耗尽肝糖原。

（2）杀鸡及时放血致死后，迅速取出肝。称取约 10g 肝组织，并用预冷的 0.9% NaCl 溶液洗涤，除去血块及其他组织，迅速剪碎。加入 25mL 预冷的 SDS 缓冲液，用组织捣碎机制成匀浆。

（3）将匀浆及时转入带塞锥形瓶，加入 25mL 饱和酚，剧烈振荡 10min。然后转入离心管中，4℃条件下 6000r/min 离心 10min。此时匀浆会分成 3 层：上层为清液，中层为变性蛋白质，下层为酚液。

（4）小心吸取上层清液，量取体积后转入带塞锥形瓶，加入等体积的氯仿 - 异戊醇，振荡 10min，然后转入离心管中，4℃条件下 3000r/min 离心 5min，取上清液，再重复此步骤一次。

（5）取上清液，量取体积后转入带塞锥形瓶，加入 2 倍体积预冷的含 2% 乙酸钠的

95%乙醇溶液。在冰箱放置30～60min后，即有RNA絮状沉淀出现。

（6）将含絮状沉淀的溶液转入离心管中，4℃条件下12 000r/min离心5min，弃上清，将沉淀物依次用5mL 95%乙醇溶液和无水乙醇各洗一次，再次离心，弃上清。室温干燥5～10min，即得RNA干制品。

（7）加入适量RNase-free ddH$_2$O，充分溶解RNA。将所得的RNA溶液置于-70℃保存或用于后续实验。

五、注意事项

（1）在用肝制备RNA时，肝糖原在加入乙醇后可以与RNA絮状共沉淀，很难将两者分开，因此实验动物一定要饥饿24h以耗尽肝糖原，这样可减少多糖对RNA提取的干扰。

（2）核糖核酸酶（RNase）广泛存在于人的皮肤上和体液及环境中，在实验室使用的器皿、试剂上都会有，往往会因为接触而污染RNA样品，导致RNA被降解。因此制备RNA时必须经常更换手套，同时戴上一次性口罩和卫生帽，并保证环境清洁。塑料制品、玻璃和金属物品、实验仪器等可用固相RNase清除剂去除RNase。

（3）用无水乙醇沉淀RNA后，不要晾得过干，RNA完全干燥后很难溶解。

六、思考题

（1）在制备RNA的过程中，如何防止RNase的降解作用？

（2）从匀浆液中去除蛋白质的方法有哪些？

实验三　碱性磷酸酶的分离制备

一、实验目的

（1）掌握分离制备碱性磷酸酶的原理和方法。

（2）了解用有机溶剂分级沉淀法分离纯化酶的基本操作。

二、实验原理

利用不同蛋白质在不同浓度的有机溶剂中发生沉淀作用而将其分离的方法称为有机溶剂分级沉淀法。有机溶剂分级沉淀法是分离蛋白质的常用方法之一。一方面，由于有机溶剂能降低溶液的介电常数，从而增加蛋白质分子上不同电荷的引力，导致溶解度的降低；另一方面，有机溶剂溶于水，由于溶剂与水的作用，能破坏蛋白质的水化膜，导致蛋白质沉淀析出。

本实验采用有机溶剂分级沉淀法从肝匀浆中分离纯化碱性磷酸酶（alkaline phosphatase，ALP）。先用低浓度乙酸钠制备肝匀浆。在肝匀浆中加入正丁醇使部分蛋白质变性，释放出膜中的酶，过滤去除杂蛋白，加入乙酸镁以保护和稳定碱性磷酸酶。根据碱性磷酸酶在33%丙酮溶液或30%乙醇溶液中能够溶解，而在50%丙酮溶液和60%乙醇溶液中不溶解的性质，用预冷的丙酮溶液和乙醇溶液进行重复分离提取，可从含有碱性磷酸酶的滤液中获得较为纯净的碱性磷酸酶。

三、实验器材

1. 材料

新鲜兔肝（或其他动物新鲜肝）。

2．试剂

（1）0.5mol/L 乙酸镁溶液：准确称取 107.25g Mg（CH₃COO）₂·4H₂O 溶于蒸馏水中，充分溶解，定容至 1000mL。

（2）0.1mol/L 乙酸钠溶液：准确称取 8.203g 乙酸钠溶于蒸馏水中，充分溶解，定容至 1000mL。

（3）0.01mol/L 乙酸镁 -0.01mol/L 乙酸钠溶液：准确吸取 0.5mol/L 乙酸镁溶液 20mL 及 0.1mol/L 乙酸钠溶液 100mL，混合后定容至 1000mL。

（4）0.01mol/L Tris- 乙酸镁缓冲液（pH8.8）：准确称取 Tris 12.114g，用蒸馏水溶解后定容至 1000mL，即为 0.1mol/L Tris 溶液。取 0.1mol/L Tris 溶液 100mL，加蒸馏水约 780mL，再加 0.1mol/L 乙酸镁溶液 100mL，混匀后用 1% 乙酸溶液调 pH 至 8.8，用蒸馏水定容至 1000mL。

（5）正丁醇、丙酮、95% 乙醇溶液。

3．器具

天平、研钵（或玻璃匀浆器）、离心机、离心管、剪刀、量筒、漏斗、滤纸、玻璃棒等。

四、实验步骤

（1）称取新鲜兔肝 2g，剪碎，置于研钵（或玻璃匀浆器）中，加入 0.01mol/L 乙酸镁 -0.01mol/L 乙酸钠溶液 2.0mL，充分研磨成匀浆。将匀浆液转移至离心管中，用 4.0mL 0.01mol/L 乙酸镁 -0.01mol/L 乙酸钠溶液分两次冲洗研钵（或玻璃匀浆器），并倒入离心管中，混匀，此为 A 液。

（2）向 A 液中加 2.0mL 正丁醇，用玻璃棒充分搅拌 2min 左右，室温放置 20min，过滤，滤液置离心管中。向滤液中加入等体积预冷的丙酮，混匀后立即以 2000r/min 离心 5min。弃去上清液，向沉淀中加入 0.5mol/L 乙酸镁溶液 4.0mL，用玻璃棒充分搅拌使其溶解，记录悬液体积，此为 B 液。

（3）向 B 液中加入预冷的 95% 乙醇溶液，使乙醇终浓度为 30%。混匀后立即以 2000r/min 离心 5min。量取上清液体积，倒入另一离心管中，弃去沉淀。向上清液中加入预冷的 95% 乙醇溶液，使乙醇终浓度为 60%。混匀后立即以 3000r/min 离心 5min，弃去上清液。向沉淀中加入 0.01mol/L 乙酸镁 -0.01mol/L 乙酸钠溶液 4.0mL，用玻璃棒充分搅拌使其溶解。

（4）重复步骤（3），向溶解的悬液中加入预冷的 95% 乙醇溶液，使乙醇终浓度为 30%。混匀后立即以 2000r/min 离心 5min。量取上清液体积，倒入另一离心管中，弃去沉淀。往上清液中加入预冷的 95% 乙醇溶液，使乙醇终浓度为 60%。混匀后立即以 3000r/min 离心 5min，弃去上清液。沉淀用 0.5mol/L 乙酸镁溶液 3.0mL 充分溶解，记录体积，此为 C 液。

（5）向 C 液中缓缓滴加预冷的丙酮，使丙酮终浓度为 33%，混匀后立即以 2000r/min 离心 5min，弃去沉淀。量取上清液体积后移至另一离心管中，再缓缓加入预冷的丙酮，使丙酮终浓度为 50%，混匀后立即以 4000r/min 离心 15min，弃去上清液，沉淀为部分纯化的碱性磷酸酶。向此沉淀中加入 0.01mol/L Tris- 乙酸镁缓冲液（pH8.8）4.0mL，使沉淀充分溶解，再以 2000r/min 离心 5min。将上清液倒入试管中，记录体积。上清液即含较为纯化的碱性磷酸酶。

五、注意事项

（1）因为有机溶剂沉淀是个放热过程，所以整个操作应在低温下进行，溶剂应预冷。

（2）高浓度的有机溶剂易造成蛋白质变性失活，加入时要边搅拌边加入，以避免局部浓度过高，使酶或蛋白质变性。

（3）分离沉淀后的蛋白质，应立即用水或缓冲液溶解，以降低有机溶剂的浓度。

（4）溶剂的pH最好控制在被分离物质的等电点附近，以提高被分离物质的分离效果。

（5）在有机溶剂中有中性盐存在时能增加蛋白质的溶解度，减少变性。

六、思考题

（1）用有机溶剂分级沉淀法分离酶时应注意哪些事项？为什么？

（2）重复操作步骤（3）的目的是什么？

实验四　肝糖原的提取和鉴定

一、实验目的

掌握肝糖原提取和鉴定的原理和方法。

二、实验原理

肝糖原是糖在体内重要的贮存形式之一。其贮存量虽不多，但在代谢过程中，它是体内糖的重要来源之一，肝糖原的合成和分解对血糖浓度的调节起着重要作用。

糖原是一种高分子化合物（相对分子质量约为400万），微溶于水，无还原性，与碘作用呈现红棕色。提取肝糖原时，使用三氯乙酸破坏肝组织中的酶，且肝组织中的蛋白质也被三氯乙酸所沉淀，而肝糖原仍留在溶液中，离心或过滤除去沉淀，滤液中的肝糖原可借助加入的乙醇而沉淀，将沉淀的肝糖原溶于水，即可得到肝糖原的溶液。

在酸性条件下，糖原能够水解生成葡萄糖，葡萄糖具有还原性，在弱碱条件下，可使本尼迪克特试剂中的 Cu^{2+} 还原生成红色的 Cu_2O，而本身的醛基则被氧化成羧基。利用糖原遇碘的呈色反应和葡萄糖的还原性，可判断组织中糖原的存在。

三、实验器材

1. 材料

小鼠新鲜肝（或其他动物新鲜肝）。

2. 试剂

（1）碘液：称取碘1g、碘化钾2g溶于500mL蒸馏水中。

（2）本尼迪克特试剂：称取硫酸铜17.3g，溶于100mL温的蒸馏水中，称取柠檬酸钠173g和无水碳酸钠100g于700mL温的蒸馏水中，待冷却后，将硫酸铜溶液缓缓加入柠檬酸钠和无水碳酸钠混合液中，最后用蒸馏水稀释至1000mL。

（3）10%三氯乙酸溶液、5%三氯乙酸溶液、95%乙醇溶液、浓盐酸（36%～38%）、20%NaOH溶液、石英砂、蒸馏水。

3. 器具

电子天平、离心机、离心管、研钵、滤纸、白瓷板、pH试纸、恒温水浴锅等。

四、实验步骤

1. 肝糖原的提取

（1）肝匀浆的制备：迅速处死小鼠，立即取出肝，用滤纸吸去附着的血液。称取肝约 1g 置于研钵中，加入洗净的石英砂少许及 10% 三氯乙酸溶液 1mL，研磨至乳状后再加 5% 三氯乙酸溶液 2mL，继续研磨，直至肝组织已充分磨成肉糜状为止。

（2）提取肝糖原：将制备好的肝匀浆以 2500r/min 离心 10min，然后将上清液转入另一离心管并量取体积，加入等体积的 95% 乙醇溶液，混匀后，静置 10min，此时肝糖原呈絮状沉淀析出。将有沉淀的溶液以 2500r/min 离心 10min，弃去上清液，并将离心管倒置于滤纸上 1~2min，向沉淀中加入蒸馏水 1mL，混匀溶解，即成肝糖原溶液。

2. 肝糖原的鉴定

（1）与碘的呈色反应：在白瓷板的两个凹槽内分别滴加两滴肝糖原溶液和蒸馏水，然后各加碘液 1 滴，混匀，比较两个凹槽内溶液颜色有何不同。

（2）肝糖原水解液中葡萄糖的鉴定：在剩余的肝糖原溶液中，加入浓盐酸 3 滴，放在沸水浴中加热 10min，取出冷却后，以 20%NaOH 溶液中和至中性（用 pH 试纸测试）。在上述溶液中加本尼迪克特试剂 2mL，再置于沸水浴中加热 5min，取出冷却，观察沉淀的生成情况。

五、注意事项

（1）实验用动物在实验前必须饱食，因为空腹时肝糖原易分解而使其含量降低。

（2）肝离体后，肝糖原会迅速分解，所以在处死动物后，所得肝必须迅速用三氯乙酸溶液处理。

六、思考题

（1）实验过程中，三氯乙酸溶液有什么作用？

（2）如果实验结果未提取到肝糖原，分析可能的原因有哪些？

（3）如何解释肝糖原水溶液与本尼迪克特试剂反应产生沉淀？

实验五　牛奶中酪蛋白的提取

一、实验目的

掌握利用等电点沉淀法提取酪蛋白的方法。

二、实验原理

蛋白质是由氨基酸构成的高分子化合物。蛋白质同氨基酸一样是两性电解质，调节蛋白质溶液的 pH 可使蛋白质分子所带的正负电荷数目相等，即溶液中的蛋白质以兼性离子形式存在，在外加电场中既不向负极移动也不向正极移动。这时溶液的 pH 称为该蛋白质的等电点。在等电点条件下，蛋白质溶解度最小，因此就会有沉淀析出。

酪蛋白是乳蛋白中含量最丰富的一类蛋白质，占乳蛋白的 80%~82%。酪蛋白是一类含磷的复合蛋白质混合物，等电点为 4.7，利用等电点溶解度最小的原理，将牛奶的 pH 调至 4.7，酪蛋白即可沉淀出来。用乙醇洗涤沉淀物，除去脂类杂质后便可得到纯的酪蛋白。

三、实验器材

1. 材料

新鲜牛奶。

2. 试剂

（1）95% 乙醇溶液。

（2）乙醚。

（3）0.2mol/L pH4.7 乙酸 - 乙酸钠缓冲液。先配制 A 液与 B 液。A 液为 0.2mol/L 乙酸钠溶液：称取 $CH_3COONa \cdot 3H_2O$ 54.44g，溶解后定容至 2000mL。B 液为 0.2mol/L 乙酸溶液：称取优级纯乙酸（含量大于 99.8%）12g，溶解后定容至 1000mL。取 A 液 1770mL，B 液 1230mL，混合即得 0.2mol/L pH4.7 的乙酸 - 乙酸钠缓冲液 3000mL。

（4）乙醇 - 乙醚：乙醇：乙醚＝1：1（V/V）。

（5）蒸馏水。

3. 器具

天平、离心机、离心管、恒温水浴锅、精密 pH 试纸或酸度计、抽取式真空泵、布氏漏斗、抽滤瓶、烧杯、滤纸、硅胶管、表面皿。

四、实验步骤

（1）向烧杯中加入 100mL 新鲜牛奶，放在恒温水浴锅中加热至 40℃，一边搅拌一边缓慢加入预热至 40℃的 pH4.7 的乙酸 - 乙酸钠缓冲液 100mL。用精密 pH 试纸或酸度计调 pH 至 4.7。将上述悬浮液冷却至室温后，转移至离心管中，3000r/min 离心 15min，弃去上清液，沉淀即为酪蛋白粗制品。

（2）用蒸馏水洗沉淀 3 次，每次 3000r/min 离心 10min，弃去上清液。

（3）向沉淀中加入 30mL 95% 乙醇溶液。搅拌片刻，将全部悬浊液转移至抽滤瓶中，将布氏漏斗放在抽滤瓶上端。布氏漏斗上应放置与其大小相符的滤纸。再用一长约 50cm 的硅胶管将抽滤瓶连接在抽滤式真空泵上，打开电源，开始抽滤。用适量乙醇 - 乙醚（V/V＝1：1）混合液洗沉淀两次。最后用乙醚洗沉淀两次，抽干。

（4）将沉淀摊开在表面皿上，风干即得酪蛋白纯品。

（5）计算结果。

准确称重酪蛋白纯品，计算含量和得率。

$$含量（g/100mL）= \frac{酪蛋白（g）}{牛奶（100mL）}$$

$$得率 = \frac{测得含量}{理论含量} \times 100\%$$

式中，理论含量为 3.5g/100mL 牛奶。

五、注意事项

制备酪蛋白粗制品时，一定要将溶液的 pH 调至 4.7。

六、思考题

制备高得率纯酪蛋白的关键步骤是什么？

第四章　分光光度技术

第一节　分光光度技术简介

构成各类化学物质的原子、分子、基团具有发射、吸收或散射光谱（spectrum）的特性，用此特性来测定物质的性质、结构及含量的技术，称为光谱光度分析技术。生物化学测定中吸收光谱分析用得较多，这里仅介绍吸收分光光度技术。

一、光谱与光度

太阳或钨灯发出的光如果通过一个三棱镜再照于白纸上，即可看到红、橙、黄、绿、蓝、靛、紫组成的彩色色谱。这一色谱就是太阳、钨灯的发射光谱。不同的光源，如钨灯、日光灯、氢灯、汞灯以及分子与原子燃烧时发射的光通过三棱镜都会呈现不同的色谱，即不同的物质具有各自的发射光谱。

光和无线电波一样，同属于电磁波。所谓不同的光谱，即由波长不相同的光组成的谱带，如日光和钨灯发出的由红、橙、黄、绿、蓝、靛、紫组成的光谱，其中红光的波长最长，为760nm左右，其他依次变短，紫光最短，波长为400nm。在整个自然界的电磁波中，400～760nm这段波长范围的光为肉眼可见的光，所以由日光、钨灯发射的光谱称为可见光谱。波长比400nm短的光称为紫外光。氢灯发射的光谱波长为185～400nm，所以属于紫外光区。波长比760nm长的光称为红外光。紫外光和红外光都属于肉眼看不到的非可见光区。

如果在钨灯光源与棱镜之间放一杯有色溶液就会看到原来呈现的七色光谱改变了，出现了一处或几处暗带，即光源发射光谱中某些波长的光因被溶液吸收而消失了，这种被溶液吸收后形成的光谱称为该溶液的吸收光谱（absorption spectrum）。由于不同物质制成的溶液所形成的吸收光谱不同，因此可以根据吸收光谱的特点来鉴别溶液中的物质性质并计算出溶液中物质的含量。

光谱中变为暗带的部分即被溶液中物质吸收最多、透过最少的波长光，而未被吸收、透过最多的那部分波长光即为溶液所呈现的颜色。由此可见，一个物质溶液之所以呈现颜色就是它吸收了某一波长可见光的结果，不同物质的溶液透过和吸收的光波长各不相同，呈现的颜色也各不相同，如果一种物质的溶液全部吸收了可见光则呈黑色，如果对可见光全不吸收则呈白色，而且溶液中物质的含量越多（溶液浓度越大），吸收某一波长的光越多，其颜色也就越深。

根据此原理，我们就不只是依据颜色的深浅来测定溶液的浓度，而且可以依据吸收某一波长光的多少来测定溶液的浓度，称为光度法。由于光度法是直接测定溶液中溶质对光吸收的能力，而不是测定颜色，因此只要溶液的溶质具有吸收某些波长光的能力，则无论它有无颜色或是否有颜色反应，都可用光度法测出其浓度，如许多物质吸收紫外光或红外光，不呈任何颜色（颜色只有可见光区才能看到），也可用光度法测定。把吸收分光与光度测定结合起来，即形成了测定溶液物质浓度的吸收分光光度分析技术，使用的仪器称为分光光度计（spectrophotometer）。

二、分光光度法的基本原理

分光光度法是利用物质的分子或离子对某一波长范围光的吸收作用，从而达到对物质进行定性、定量分析以及结构分析的一种方法。物质对光存在选择性吸收，当光线通过透明溶液介质时，有一部分光可透过，一部分光被吸收，这种光被溶液吸收的现象可用于某些物质的定性及定量分析。

该法测定时使用的分光光度计，灵敏度高，测定速度快，应用范围广，其中紫外 - 可见分光光度计更是生物化学研究工作中必不可少的。

分光光度法所依据的原理是 Lambert-Beer 定律，该定律给出了溶液吸收单色光的多少同溶液的浓度及液层厚度之间的定量关系。

1. Lambert 定律（朗伯定律）

当一束单色光通过透明溶液介质时，其中一部分光能被溶液吸收，使光的强度减弱，如果溶液浓度不变，则随着溶液厚度的增大，光线强度的减弱也越来越明显，即光吸收的量与液层的厚度呈比例关系。

若以 I_0 表示入射光强度，I 表示透射光强度，L 表示液层的厚度，则 $\frac{I}{I_0}$ 表示光线透过溶液的程度，称为透光率，用 T（transmittance）表示，则 $T=\frac{I}{I_0}$。

Lambert 定律可用下式表示：

$$\lg \frac{I_0}{I}=KL \text{（} K \text{ 为吸光系数）}$$

Lambert 定律的意义为：当一束单色光通过一定浓度的溶液时，其吸光度与透过液层的厚度成正比。

2. Beer 定律

一束单色光在通过透明溶液时，若液层的厚度不变，则随着溶液浓度 C 的增加，光强度的减弱变得更加明显，即溶液对光的吸收与溶液的浓度呈比例关系。

Beer 定律可用下式表示：

$$\lg \frac{I_0}{I}=KC$$

Beer 定律的意义为：当一束单色光通过溶液时，若液层厚度一定，其吸光度与溶液的浓度成正比。

3. Lambert-Beer 定律

如果同时考虑液层厚度和溶液浓度对光吸收的影响，要把 Lambert 定律和 Beer 定律合并，得到

$$\lg \frac{I_0}{I}=KCL$$

此公式即为 Lambert-Beer 定律的数学形式。它的意义是：当一束单色光照射溶液时，其吸光度与溶液的液层厚度和浓度的乘积成正比，并且有：

当 $I=I_0$ 时，$\lg\dfrac{I_0}{I}=0$，表示溶液不吸收光线；

当 $I\ll I_0$ 时，$\lg\dfrac{I_0}{I}$ 值大，表示溶液吸收光线较多；

当 $I\to 0$ 时，$\lg\dfrac{I_0}{I}$ 值无穷大，表示光线几乎被溶液完全吸收，即溶液不透光。

由此可知，$\lg\dfrac{I_0}{I}$ 的大小表示溶液对光吸收的不同程度，称为吸光度（absorbance），用 A 表示，即 $A=\lg\dfrac{I_0}{I}$。

吸光度过去常用光密度（optical density，OD）表示，或称消光度（extinction，E）。于是 $\lg\dfrac{I_0}{I}=KCL$ 可以写成：$A=KCL$。

由此式可得：$K=\dfrac{A}{CL}$

式中，K 为吸光系数。

4. 吸光系数和摩尔吸光系数

Lambert-Beer 定律中 K 的大小随着 C 和 L 的单位不同而不同，与入射光波长及溶液的性质有关。当浓度 C 以 g/L、液层厚度以 cm 为单位时，常数 K 用 a 来表示，称为吸光系数，单位为 L/（g·cm）。

此时，$K=\dfrac{A}{CL}$ 变为 $A=aCL$。

若溶液的浓度 C 用 mol/L 表示，液层的厚度 L 用 cm 表示，则 K 写成 ε，得到

$$A=\varepsilon CL$$

式中，ε 为摩尔吸光系数，单位为 L/（mol·cm）。它所表示的意义是当物质的浓度为 1mol/L、液层厚度为 1cm 时溶液的吸光度。摩尔吸光系数表明物质对某一特定波长光的吸收能力。ε 越大，表示该物质对某波长光的吸收能力越强，测定的灵敏度也越高。因此在进行比色测定时，为了提高分析结果的灵敏度，一般要选择 ε 大的有色化合物和具有最大 ε 值的波长作为入射光。

三、分光光度计的组成和构造

1. 组成

不论何种型号的分光光度计，基本上都是由 5 部分组成，如图 4-1 所示，它们分别是：①光源；②单色光器；③样品室；④检测系统；⑤显示器或记录器。

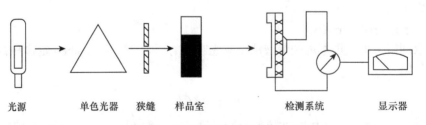

光源　　　单色光器　狭缝　样品室　　　　检测系统　　　显示器

图 4-1　分光光度计的基本构造

2. 构造

理想的光源通常必备以下条件：①能提供连续的辐射；②光强度足够大；③在整个光谱区内光谱强度不随波长有明显变化；④光谱范围窄；⑤使用寿命长，价格低。用于可见光和近红外光区的光源是钨灯，现在最常用的是卤钨灯，即石英钨灯泡中充以卤素，以提高钨灯的寿命，适用波长是320~1100nm。用于紫外光区的是氘灯，适用波长是195~400nm。

（1）单色光器：单色光器是分光光度计的心脏部分，它的作用是把来自光源的混合光分解为单色光并能随意改变波长。

单色光器的主要组成部件和作用是：①入射狭缝，限制杂散光进入。②色散元件，棱镜或光栅，是核心部件，可将混合光分解为单色光。③准直镜，把来自入射狭缝的光束转化为平等光，并把来自色散元件的平等光聚焦于出射狭缝上。④出射狭缝，只让额定波长的光射出单色光器。⑤转动棱镜或光栅的波长盘，可以改变单色光器出射光束的波长；调节出入射狭缝的宽度，可以改变出射光束的带宽和单色光的纯度。⑥光栅，有透射光栅和反射光栅。实际应用的都是反射光栅，它又可分为平面反射光栅（即通称的反射光栅或闪烁光栅）和凹面反射光栅两类，凹面反射光栅可以起到色散元件和准直镜两个作用，使色散后的光束聚焦于出射狭缝，得到锐线光谱。

（2）狭缝：狭缝是由一对隔板在光通路上形成的缝隙，通过调节缝隙的大小从而调节入射单色光的强度，并使入射光形成平行光线，以适应检测器的需要，分光光度计的缝隙大小是可调的。

（3）比色皿：比色皿又称为比色杯，是放置被测溶液的容器，一般由玻璃或石英制成。比色皿的形状多为方形，其大小决定了光线透过液层的厚度，即比色皿内径的距离。比色皿一般随分光光度计仪器配套使用。在可见光范围内测量时，选用光学玻璃比色皿；在紫外线范围内测量时必须用石英比色皿。

注意：比色皿的保护是取得良好分析结果的重要条件之一，吸收池上的指纹、油污或壁上的沉积物，都会影响其透光性，因此务必注意仔细操作，及时清洗并保持清洁。

（4）检测系统：主要由受光器和测量器两部分组成，常用的受光器有光电池、真空光电管或光电倍增管等。它们可将接收到的光能转变为电能，并应用高灵敏度放大装置，将弱电流放大，提高敏感度。通过测量所产生的电能，由电流计显示出电流的大小，在仪表上可直接读得A值、T值。较高级的现代仪器，还常附有电子计算机及自动记录仪，可自动扫描出吸收曲线。

（5）显示器：显示器是将从光电检测器中获得的电信号通过放大器形成图像或数字，以某种方式显示出来。常用的显示器有指针式显示、LD数字显示、VGA屏幕显示和计算机显示。目前较精密的多功能分光光度计大多数采用配有相应软件的计算机显示。

四、分光光度计的使用方法

以721型分光光度计为例：基本构造见图4-2，外观见图4-3。

1. 使用方法

（1）预热仪器：为使测定稳定，将电源开关打开，使仪器预热20~30min，为了防止光电管疲劳，不要连续光照。预热仪器时和不测定时应将比色皿暗箱盖打开，使光路

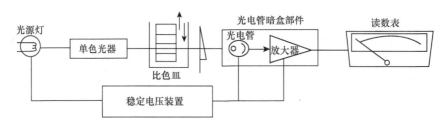

图 4-2　721 型分光光度计的基本构造

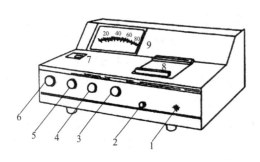

图 4-3　721 型分光光度计外观

1. 电源开关；2. 比色皿座架拉杆；3. 光亮细调节器旋钮；4. "0" 电位器旋钮；5. 波长调节器旋钮；6. 光亮粗调节器旋钮；7. 波长刻度窗；8. 比色皿暗箱盖；9. 读数表

切断。

（2）选定波长：根据实验要求，转动波长调节器旋钮，使指针指示所需要的单色光波长。

（3）调节 "0" 点：轻轻旋动调 "0" 电位器旋钮，使读数表头指针恰好位于透光率为 "0" 处（此时比色皿暗箱盖是打开的，光路被切断，光电管不受光照）。

（4）调节 $T = 100\%$：将盛蒸馏水（或空白溶液或纯溶剂）的比色皿放入比色皿座架中的第一格内，有色溶液放在其他格内，把比色皿暗箱盖子轻轻盖上，转动光亮调节器旋钮使透光率 $T = 100\%$，即表头指针恰好指在 $T = 100\%$ 处。

（5）测定：轻轻拉动比色皿座架拉杆，使有色溶液进入光路，此时表头指针所示为该有色溶液的吸光度 A。读数后，打开比色皿暗箱盖。

（6）关机：实验完毕，切断电源，将比色皿取出洗净，并将比色皿座架及暗箱用软纸擦净。

2. 注意事项

（1）为了防止光电管疲劳，不测定时必须将比色皿暗箱盖打开，使光路切断，以延长光电管使用寿命。

（2）使用比色皿的注意事项如下。

A. 拿比色皿时，手指只能捏住比色皿的毛玻璃面，不要碰比色皿的透光面，以免沾污。

B. 清洗比色皿时，一般先用清水冲洗，再用蒸馏水洗净。如比色皿被有机物沾污，可用盐酸 - 乙醇（$V/V = 1 : 2$）混合洗涤液浸泡片刻，再用清水冲洗。不能用碱性溶液或氧化性强的洗涤液清洗比色皿，以免损坏；也不能用毛刷清洗比色皿，以免损坏它的透光面。每次做完实验时，应立即洗净比色皿。

C. 比色皿外壁的水用擦镜纸或细软的吸水纸吸干，以保护透光面。

D. 测定有色溶液吸光度时，一定要用有色溶液洗比色皿内壁几次，以免改变有色溶液的浓度。另外，在测定一系列溶液的吸光度时，通常都按浓度由小到大的顺序测定，以减小测量误差。

E. 在实际分析工作中，通常根据溶液浓度的不同，选用液槽厚度不同的比色皿，使溶液的吸光度控制在 0.2～0.7。

分光光度计长期不用时应用仪器盖布盖好，防止灰尘进入仪器影响测定结果的准确性。

五、分光光度法的计算

通常测定时通过仪器直接读出吸光度值，便可进一步按下列方式计算出待测溶液浓度。

1. 公式法

公式法利用标准管法计算出待测溶液的浓度。在同样实验条件下同时测得标准液和待测液的吸光度值，然后进行计算。

根据 Lambert-Beer 定律 $A=KCL$ 得

标准溶液：　　　　　　　　　　　$A_S=K_S C_S L_S$

待测溶液：　　　　　　　　　　　$A_U=K_U C_U L_U$

两种溶液的液层厚度相等 $L_U=L_S$，而且是同一物质的两种不同浓度，在测定时所用单色光也相同，则 $K_U=K_S$。

两式相比得

$$\frac{A_U}{A_S}=\frac{C_U}{C_S}, \ \text{即} \ C_U=\frac{A_U}{A_S}\cdot C_S$$

式中，A_U、A_S 可由分光光度计测出，C_S 为已知，则待测溶液的浓度 C_U 即可求出。

以上测定方法要求两者的浓度必须在分光光度计有效读数范围之内，并且要求配制的标准液浓度应尽量接近被测定溶液，不然将出现一定的测定误差。因此在测定浓度各不相同的同一物质的批量样品时，需要配制许多标准液，不太方便。

2. 标准曲线法

标准曲线法利用标准曲线求出待测溶液的浓度。分析大批待测溶液时，采用此法比较方便。先配制一系列浓度由大到小的标准液，分别测出它们的吸光度。在标准液的一定浓度范围内，溶液的浓度与吸光度之间呈直线关系。以各管标准液的吸光度为纵坐标，浓度为横坐标，通过原点作出吸光度与浓度成正比的直线图，此直线称为标准曲线。

在制作标准曲线时，起码用 5 种浓度递增的标准溶液，测出的数据至少有 3 个点落在直线上，这样的标准曲线方可使用。

各个未知溶液按相同条件处理，在同一分光光度计上测定吸光度值，即可迅速从标准曲线上查出相应的浓度值。测定待测溶液时，操作条件应与制作标准曲线时相同，测定吸光度后，从标准曲线上可以直接查出其

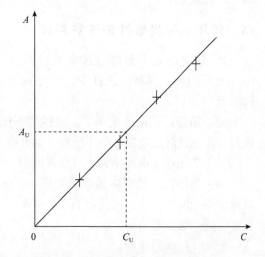

图 4-4　标准曲线（浓度 - 吸光度曲线）

浓度。如图 4-4 所示，可由 A_U 直接查出其浓度 C_U。

在实验条件基本不变，样品数量足够多的测定中，标准曲线法是十分准确、方便的。但标准曲线的绘制至关重要，曲线上的每个点都应该做 3 个平行测定，3 个数值力求重叠或十分接近，绘制好的标准曲线仅供在同样条件下处理的待测溶液使用。

六、分光光度计的分类

通常分光光度计的分类方式有两种：一种是按仪器使用的波长分类；另一种是按仪器使用的光学系统分类。但使用较多的分类方法是光学系统分类法。

1. 按仪器使用的波长分类

按此法可分为真空紫外分光光度计（0.1～200nm）、可见分光光度计（350～700nm）、紫外 - 可见分光光度计（190～1100nm）、紫外 - 可见 - 红外分光光度计（190～2500nm）。

2. 按仪器使用的光学系统分类

按此法可分为单光束分光光度计、双光束分光光度计、双波长分光光度计、双波长 - 双光束分光光度计、动力学分光光度计。

七、影响吸光系数的因素

影响吸光系数的因素如下。

（1）不同物质，吸光系数不同，因此吸光系数可作为物质的特性常数。在分光光度法中，常用摩尔吸光系数 ε 来衡量反应的灵敏度，ε 越大，灵敏度越高。

（2）不同溶剂，吸光系数不同。在表示某一物质的吸光系数时，要注明所用溶剂。

（3）不同波长的光，吸光系数不同。物质的定量需在最适的波长下测定其吸光度值，因为在此波长下测定的灵敏度最高。

（4）不同纯度单色光，吸光系数不同。如果单色光源不纯，使吸收峰变圆钝，则吸光度值降低。严格地说，Lambert-Beer 定律只有当入射光是单色光时才完全适合，因此物质的吸光系数与使用仪器的精度密切相关，滤光片的分光性能较差，故测得的吸光系数值要比真实值小。

八、使用分光光度计的注意事项

1. 注意防震、防潮、防光及防腐蚀

（1）防震：仪器应放在平稳操作台上，不要随意搬动，操作时动作要轻缓，防止损坏机件。

（2）防潮：光电池受潮后，灵敏度不仅下降，而且会失效。因此仪器应放在干燥的地方，光电池附近放置一些干燥剂（如硅胶）。

（3）防光：光电池平常不宜受光照射。使用时注意防止强光照射，避免长时间照射。

（4）防腐蚀：具有腐蚀性的物质（如强酸、强碱等）都可损坏仪器，因此在盛装具腐蚀性待测液时，达到比色皿的 3/4 即可，不宜过多，防止溶液溢出；移动比色皿时，动作要轻缓，防止溶液溅出。

2. 比色皿的保护

测定时比色皿必须绝对清洁和没有划痕，擦拭比色皿的外壁时必须用镜头纸擦干，

不可用手、滤纸和毛刷等摩擦比色皿的透光面；移动比色皿时，应手持比色皿的毛玻璃面。比色皿用完后立即先用清水冲洗，再用蒸馏水洗净、晾干。每台分光光度计比色皿为本台专用，不可与其他分光光度计的比色皿互换。

3. 分光测定对波长的选择

测定波长对比色分析的灵敏度、准确度和选择性有很大的影响。选择波长的原则：要求"吸收最大，干扰最小"，因为吸光度越大，测定敏感度越高，准确度也容易提高；干扰越小，则选择性越好，测定准确度越高。

4. 测定时长尽可能短

测定时，当盖上比色皿暗箱盒盖后，光电管也开始产生光电效应，因此应迅速测定，读取吸光度值。时间过长，光电管将会产生疲劳而使测定值产生误差，长时间光照也会导致光电管寿命减少。

九、分光光度法的误差和纠正

1. 溶液的呈色反应及浓度

溶液的呈色反应是很复杂的，如在许多呈色反应中，当加入呈色试剂后，呈色物质的浓度逐渐增多，到一定时间后方达到最大呈色的浓度，以后又逐渐褪色。不同的呈色反应，颜色深浅的变化与到达最大呈色时间的关系很复杂，测定时一定要在颜色稳定的最大呈色时进行，过早或过晚都将引起读数误差。实验中一般都规定有呈色后到比色测定的时间，只要遵守操作规定即可避免误差。此外，温度的改变能影响颜色的深浅和对光的吸收；pH 的变化也会影响呈色反应，所以实验中都应注意。

已经证明，溶液对光的折射率与吸光度有关系。而溶液的折射率取决于溶液的浓度，所以当溶液浓度改变比较大时会因引起折射率的改变而影响吸光度，使吸光度与浓度不成正比。因此，当同一物质不同浓度的溶液进行比色时，要调整两者的浓度，使之尽量接近，如把其中一个浓度加以适当稀释，再进行比色，这样可减少由于浓度差过大而引起的误差。

2. 仪器误差

分光光度计本身受许多因素的影响。例如，电压不稳而造成光源不稳定，光电管（池）使用时间过长而疲劳，使光电效应呈非正比关系等。另外，分光光度计上的读数标尺并不是所有读数都符合 Lambert-Beer 定律。标尺上最准确的区域是吸光度值为 0.1～1.0，读数如越出此范围，表明溶液的浓度不是太小就是太大。溶液浓度太小，读数在吸光度 0.1 以下，读数与浓度不成正比；溶液浓度太大，读数则在标尺的另一端，其吸光度每单位的改变即表示浓度的巨大变化，微小的读数误差将引起浓度的巨大错误。所以，在用分光光度计测定时要调整溶液的浓度，使读数值落在标尺的准确区域内，以减少误差。

使用分光光度计测定时，通过溶液的光主要被吸光物质所吸收，但同时溶剂、试剂及比色皿对光也有少量的吸收和反射，从而也会引起误差，因此，测定时常采用一"空白溶液"作参比。空白溶液中除不包含被测物质外，其他条件与被测溶液相同。测定时先用空白溶液将分光光度计读数调节为零，然后再测定被测溶液。这样把通过空白溶液后的光强度作为被测溶液的入射光强度（I_0）的做法，可以排除溶液、试剂及比色皿对光吸收和反射所产生的影响，获得的吸光度就可表示被测溶液中吸光物质的吸光能力。

比色皿是由玻璃或石英制成，其玻璃或石英的厚薄、相互距离大小的不同或清洁与否都能引起误差。因此，比色皿不能任意更换，应固定使用。

3. 主观误差

由于实验操作过程中未能遵守规定而引起分光光度法测定中的误差是很多的。例如，呈色反应与试剂的量及加入的顺序、试剂的浓度、温度和时间都有密切关系，有些试剂要求尽快加入以使呈色反应完成，而有些反应则要求逐滴加入。违反实验操作规定将造成误差以至错误。因此，一定要按规范实验操作步骤进行。

分光光度计除用于常规的吸光度测定和吸收光谱的扫描外，常用的分光光度法还有导数分光光度法、催化动力学分光光度法和差示分光光度法等。

在生物化学实验中主要用于氨基酸含量的测定、蛋白质含量的测定、核酸的测定、酶活性测定、生物大分子的鉴定和酶催化反应动力学的研究等。

以核酸的测定为例。嘌呤碱与嘧啶碱具有共轭双键，使碱基、核苷、核苷酸和核酸在 240～290nm 的紫外波段有一强烈的吸收峰，最大吸收值在 260nm 附近。不同核苷酸具有不同的吸收特性，所以可以用紫外分光光度法加以定量及定性测定。

实验室中最常用的是定量测定少量的 DNA 或 RNA。对于待测样品是否为纯品，可用紫外分光光度计读出 260nm 与 280nm 的吸光度，从 A_{260nm}/A_{280nm} 值即可判断样品的纯度。纯 DNA 的 A_{260nm}/A_{280nm} 应为 1.8，纯 RNA 的 A_{260nm}/A_{280nm} 应为 2.0。样品中如含有杂蛋白质及苯酚，A_{260nm}/A_{280nm} 值即明显降低。不纯的样品不能用紫外分光光度法做定量测定。对于纯的样品，只要读出 260nm 的吸光度即可算出含量。通常吸光度为 1.0 的样品，相当于 50μg/mL DNA 或 40μg/mL 单螺旋 DNA（或 RNA）或 20μg/mL 寡核苷酸。这个方法既快速，又相当准确，而且不会浪费样品。

第二节　分光光度技术实验

实验一　血糖含量的测定——邻甲苯胺法

一、实验目的

掌握邻甲苯胺法测定血糖的原理和方法。

二、实验原理

血糖是指血液中的葡萄糖，正常人血糖浓度在神经和激素调节下相对恒定。当调节因素失去平衡时会出现高血糖或低血糖。测定血糖的方法主要有三种：①利用葡萄糖的还原性，在与碱性铜试剂共热时，使铜离子（Cu^{2+}）还原成亚铜离子（Cu^+），但需注意血液中含有的谷胱甘肽、维生素 C、葡糖醛酸、尿酸、核糖等也能使铜离子还原（约相当于 0.2mg/mL 葡萄糖），所以测定结果比真实血糖浓度高；②葡萄糖在加热的有机酸溶液中能与某些芳香族胺类，如苯胺、联苯胺、邻甲苯胺等生成有色衍生物，邻甲苯胺对葡萄糖特异性高，测定结果为真糖值；③利用葡萄糖氧化酶对葡萄糖的氧化作用，此法特异性最高，葡萄糖氧化酶血糖试纸测定血糖浓度是简易快速的测定方法。

本实验采用临床上常用的邻甲苯胺法。当葡萄糖与冰醋酸、邻甲苯胺共同加热时，葡萄糖先脱水产生 5-羟甲基-2-呋喃甲醛，再与邻甲苯胺缩合为青色的希夫碱，该物质在波长 630nm 处对光有特征吸收，其颜色的深浅与葡萄糖含量成正比，因此可利用吸光度值测定血清中葡萄糖含量。

由于邻甲苯胺只与醛糖作用显色，故此测定法不受血液中其他还原性物质的干扰，测定时也无须去除血浆或血清中的蛋白质。

三、实验器材

1. 材料

动物血清。

2. 试剂

（1）饱和苯甲酸溶液、蒸馏水。

（2）邻甲苯胺试剂：称取硫脲 2.5g，溶解于 750mL 冰醋酸中，将此溶液转移到 1000mL 的容量瓶内，加入邻甲苯胺 150mL 及 2.4% 硼酸 100mL，再加冰醋酸至刻度。

（3）葡萄糖贮存标准液（10mg/mL）：称取 2g 无水葡萄糖，放置在浓硫酸干燥器内过夜。精确称取此葡萄糖 1.00g，以饱和苯甲酸溶液溶解，移入 100mL 容量瓶内，稀释至刻度。

3. 器具

722 型分光光度计、比色皿、具塞刻度试管、试管夹、水浴等。

四、实验步骤

（1）取 10mL 具塞刻度试管 5 支，分别编号为 1～5，依次加入葡萄糖贮存标准液 0.5mL、1.0mL、2.0mL、3.0mL、4.0mL，再以饱和苯甲酸溶液稀释至 10mL，混匀。上述溶液 10mL，葡萄糖含量分别为 5mg、10mg、20mg、30mg、40mg。另取 7 支试管，按对应编号依表 4-1 进行操作。

表 4-1 邻甲苯胺法测定血糖操作表

试剂	管号						
	0	1	2	3	4	5	测定管
邻甲苯胺试剂 /mL	5.0	5.0	5.0	5.0	5.0	5.0	5.0
经饱和苯甲酸稀释后的葡萄糖贮存标准液 /mL	—	0.1	0.1	0.1	0.1	0.1	—
血清 /mL	—	—	—	—	—	—	0.1
蒸馏水 /mL	0.1	—	—	—	—	—	—
10mL 溶液中葡萄糖含量 /mg	0	5	10	20	30	40	

（2）混匀后，将具塞刻度试管置沸水浴中煮沸 15min，取出，在冰水浴中冷却。转移至比色皿，以 0 号管为对照，用 722 型分光光度计在 630nm 处比色测定，以各试管溶液的吸光度为纵坐标，相应管中葡萄糖含量为横坐标，绘制标准曲线。根据测定管吸光度通过标准曲线即查得葡萄糖含量。

五、注意事项

1. 由于邻甲苯胺为略带黄色的油状液体，易氧化，配制时宜重蒸馏，收集 199～201℃ 时无色或浅黄色的馏出液。

2. 温度对显色反应有明显影响，煮沸时间和温度应准确控制。

六、思考题

邻甲苯胺法测定血糖含量的优点是什么?

实验二　直链淀粉和支链淀粉含量的测定——双波长法

一、实验目的

掌握双波长测定谷物中支链淀粉和直链淀粉含量的方法。

二、实验原理

淀粉一般由支链淀粉和直链淀粉组成。直链淀粉与碘作用呈蓝色,支链淀粉与碘作用呈紫红色。根据双波长比色原理,如果溶液中某溶质在两个波长下均有吸收,则两个波长的吸收差值与溶液浓度成正比。采用双波长分光光度法分别测定直链淀粉、支链淀粉在双波长下的吸光度,根据其与淀粉浓度呈线性关系,得出直链淀粉、支链淀粉双波长的标准曲线,建立回归方程,可分别计算出直链淀粉和支链淀粉的含量。

三、实验器材

1. 材料

面粉。

2. 试剂

(1)碘试剂:称取碘化钾 2.0g,溶于少量蒸馏水中,再加碘 0.2g,待溶解后,转入容量瓶用蒸馏水定容至 100mL。

(2)直链淀粉标准液:准确称取直链淀粉纯品 0.100 0g,放入 100mL 烧杯中,加入 0.5mol/L KOH 10mL,在热水浴中溶解后,转入 100mL 容量瓶,用蒸馏水洗涤烧杯 2～3 次,并转移至容量瓶,加蒸馏水定容至刻度,即为 1mg/mL 直链淀粉标准液。

(3)支链淀粉标准液:准确称取支链淀粉纯品 0.100 0g,按与制备直链淀粉标准液相同的方法制备 1mg/mL 支链淀粉标准液。

(4)乙醚。

(5)无水乙醇、蒸馏水。

(6)0.5mol/L KOH 溶液。

(7)0.1mol/L HCl 溶液。

3. 器具

电子分析天平,分光光度计,索氏脂肪抽提器,pH 计,容量瓶(100mL、50mL),移液管(5mL、1.2mL、0.5mL),烧杯。

四、实验步骤

1. 制作双波长直链淀粉标准曲线

吸取 1mg/mL 直链淀粉标准液 0.3mL、0.5mL、0.7mL、0.9mL、1.1mL、1.3mL 分别放入 6 个 50mL 容量瓶中,分别加入蒸馏水 30mL,以 0.1mol/L HCl 溶液调 pH 至 3.8,加入碘试剂 0.5mL,并用蒸馏水定容。静置准确显色 15min,以蒸馏水为空白,分别测定两波长 $\lambda_1 = 629$nm、$\lambda_2 = 463$nm 的 A 值,以 $\Delta A_{直} = A_{\lambda_2} - A_{\lambda_1}$ 为纵坐标,以直链淀粉含量(mg)为横坐标,制作双波长直链淀粉标准曲线,并求出其回归方程。

2. 制作双波长支链淀粉标准曲线

吸取 1mg/mL 支链淀粉标准液 2.0mL、2.5mL、3.0mL、3.5mL、4.0mL、4.5mL、5.0mL 分别放入 7 个 50mL 容量瓶中，以下操作同直链淀粉。以蒸馏水为空白，选择 λ_3＝553nm、λ_4＝738nm 两波长下分别测定其 A_{λ_3}、A_{λ_4}，以 $\Delta A_{支}＝A_{\lambda_4}-A_{\lambda_3}$ 为纵坐标，以支链淀粉含量（mg）为横坐标，制作双波长支链淀粉标准曲线，并求出其回归方程。

3. 样品中直链淀粉、支链淀粉及总淀粉的测定

称取样品 2g，以乙醚为脱脂剂，用索氏脂肪抽提器脱脂。称取脱脂样品 0.100 0g，置于 50mL 烧杯中，加 0.5mol/L KOH 溶液 10mL，在沸水浴中加热 10min，取出转入 50mL 容量瓶中，用蒸馏水洗涤烧杯 2～3 次，并将洗液转移至容量瓶，以蒸馏水定容至刻度（若有泡沫采用无水乙醇消除），静置。吸取样品测定液和空白液各 2.5mL，均加蒸馏水 30mL，以 0.1mol/L HCl 溶液调 pH 至 3.8，样品测定液中加入碘试剂 0.5mL，空白液不加碘试剂，然后均定容至 50mL。静置 15min，以空白液为对照，分别测定 λ_1、λ_2、λ_3、λ_4 四种波长下的吸光度，得到 A_{λ_1}、A_{λ_2}、A_{λ_3}、A_{λ_4}。分别对照两类淀粉的双波长标准曲线或代入回归方程，即可计算出脱脂样品中直链淀粉和支链淀粉的含量，两者之和等于总淀粉含量。

4. 结果计算

$$直链淀粉含量＝\frac{X_1 \times 50}{2.5 \times m \times 1000} \times 100\%$$

$$支链淀粉含量＝\frac{X_2 \times 50}{2.5 \times m \times 1000} \times 100\%$$

式中，X_1 为查双波长直链淀粉标准曲线或代入回归方程得样品液中直链淀粉含量（mg）；X_2 为查双波长支链淀粉标准曲线或代入回归方程得样品液中支链淀粉含量（mg）；m 为样品质量（g）。

$$总淀粉含量＝直链淀粉含量＋支链淀粉含量$$

五、注意事项

（1）淀粉遇碘显色，其酸度、时间对测量结果影响很大，需严格控制 pH 为 3.8，显色时间为 15min。

（2）因蜡质和非蜡质支链淀粉碘复合物颜色差异较大，在制备双波长支链淀粉曲线时，应根据测定的谷物类型选择不同支链淀粉（蜡质型或非蜡质型）。

六、思考题

双波长法测定直链淀粉和支链淀粉含量的原理是什么？有何优点？

实验三　纤维素酶活力的测定

一、实验目的

（1）学习和掌握 3,5- 二硝基水杨酸（DNS）法测定纤维素酶活力的原理和方法。

（2）了解纤维素酶的作用特性。

二、实验原理

纤维素酶是一种多组分酶，包括 C_1 酶、C_x 酶和 β- 葡糖苷酶 3 种主要组分。其中，

C_1 酶的作用是将天然纤维素水解成无定形纤维素，C_x 酶的作用是将无定形纤维素继续水解成纤维寡糖，β- 葡糖苷酶的作用是将纤维寡糖水解成葡萄糖。纤维素酶水解纤维素产生的纤维二糖、葡萄糖等还原糖能将碱性条件下的 3,5- 二硝基水杨酸（DNS）还原，生成棕红色的氨基化合物，在 540nm 波长处有最大光吸收，在一定范围内还原糖的量与反应液的颜色深度成正比，利用比色法测定其还原糖生成的量就可测定纤维素酶的活力。

三、实验器材

1. 材料

新华定量滤纸、脱脂棉。

2. 试剂

（1）1mg/mL 葡萄糖标准液：将葡萄糖在恒温干燥箱中 105℃下干燥至恒重，准确称取 100mg 于 100mL 小烧杯中，用少量蒸馏水溶解后，移入 100mL 容量瓶中用蒸馏水定容至 100mL，充分混合。4℃冰箱中保存（可用 12～15 天）。

（2）3,5- 二硝基水杨酸（DNS）溶液：准确称取 DNS 6.3g 于 500mL 大烧杯中，用少量蒸馏水溶解后，加入 2mol/L NaOH 溶液 262mL，再加到 500mL 含有 185g 酒石酸钾钠（$KNaC_4H_4O_6 \cdot 4H_2O$）的热水溶液中，再加 5g 结晶酚（C_6H_5OH）和 5g 无水亚硫酸钠（Na_2SO_3），搅拌溶解，冷却后移入 1000mL 容量瓶中用蒸馏水定容至 1000mL，充分混匀。贮于棕色瓶中，室温放置一周后使用。

（3）0.05mol/L pH4.5 的柠檬酸缓冲液。

A．A 液（0.1mol/L 柠檬酸溶液）：准确称取 $C_6H_8O_7 \cdot H_2O$ 21.014g 于 500mL 大烧杯中，用少量蒸馏水溶解后，移入 1000mL 容量瓶中用蒸馏水定容至 1000mL，充分混匀。4℃冰箱中保存备用。

B．B 液（0.1mol/L 柠檬酸钠溶液）：准确称取 $Na_3C_6H_5O_7 \cdot 2H_2O$ 29.412g 于 500mL 大烧杯中，用少量蒸馏水溶解后，移入 1000mL 容量瓶中，然后用蒸馏水定容至 1000mL，充分混匀。4℃冰箱中保存备用。

取上述 A 液 27.12mL，B 液 22.88mL，充分混匀后移入 100mL 容量瓶中用蒸馏水定容至 100mL，充分混匀，即 0.05mol/L pH4.5 的柠檬酸缓冲液。4℃冰箱中保存备用，用于测定滤纸酶活力。

（4）0.05mol/L pH5.0 的柠檬酸缓冲液：取上述 A 液 20.5mL，B 液 29.5mL，充分混匀后移入 100mL 容量瓶中用蒸馏水定容至 100mL，充分混匀，即 0.05mol/L pH5.0 的柠檬酸缓冲液。4℃冰箱中保存备用，用于测定 C_1 酶活力。

（5）0.51% 羧甲基纤维素（CMC）溶液：精确称取 0.51g CMC 于 100mL 小烧杯中，加入适量 0.05mol/L pH5.0 的柠檬酸缓冲液，加热溶解后移入 100mL 容量瓶中并用 0.05mol/L pH5.0 的柠檬酸缓冲液定容至 100mL，充分混匀。4℃冰箱中保存备用，用于测定 C_x 酶活力。

（6）0.5% 水杨酸苷溶液：准确称取 0.5g 水杨酸苷于 100mL 小烧杯中，用少量 0.05mol/L pH4.5 的柠檬酸缓冲液溶解后，移入 100mL 容量瓶中并用 0.05mol/L pH4.5 的柠檬酸缓冲液定容至 100mL，充分混匀。4℃冰箱中保存备用，用于测定 β- 葡糖苷酶活力。

（7）纤维素酶液：准确称取纤维素酶制剂 500mg 于 100mL 小烧杯中，用少量蒸馏水溶解后，移入 100mL 容量瓶中，用蒸馏水定容至 100mL。此酶液的浓度为 5mg/mL，4℃冰箱中保存备用。

（8）蒸馏水。

3. 器具

分析天平、恒温干燥箱、试管、试管架、具塞刻度试管、胶头滴管、移液管、移液器、容量瓶、量筒、烧杯、可见光分光光度计、比色皿、恒温水浴锅、剪刀等。

四、实验步骤

1. 葡萄糖标准曲线的制作

取 8 支洗净烘干的 20mL 具塞刻度试管，编号后按表 4-2 加入葡萄糖标准液和蒸馏水，配制成一系列不同浓度的葡萄糖溶液。充分摇匀后，向各试管中加入 1.5mL DNS 溶液，摇匀后沸水浴 5min，取出冷却后用蒸馏水定容至 20mL，充分混匀。在 540nm 波长下，以 1 号试管溶液作为空白对照，调零，测定其他各管溶液的吸光度值并记录结果。以葡萄糖含量（mg）为横坐标，以对应的吸光度 A_{540nm} 值为纵坐标，在坐标纸上绘制出葡萄糖标准曲线。

表 4-2　葡萄糖标准曲线的制作表

试剂	管号							
	1	2	3	4	5	6	7	8
葡萄糖标液 /mL	0	0.2	0.4	0.6	0.8	1.0	1.2	1.4
蒸馏水 /mL	2.0	1.8	1.6	1.4	1.2	1.0	0.8	0.6
葡萄糖含量 /mg	0	0.2	0.4	0.6	0.8	1.0	1.2	1.4

2. 滤纸酶活力的测定

取 4 支洗净烘干的 20mL 具塞刻度试管，编号后各加入 0.5mL 纤维素酶液和 1.5mL 0.05mol/L pH4.5 的柠檬酸缓冲液，向 1 号试管中加入 1.5mL DNS 溶液以钝化酶活性，作为空白对照，比色时调零用。将 4 支试管同时在 50℃水浴中预热 5～10min，再各加入滤纸条 50mg（新华定量滤纸，约 1cm×6cm），50℃水浴中保温 1h 后取出，立即向 2、3、4 号试管中各加入 1.5mL DNS 溶液以终止酶反应，充分摇匀后置于沸水浴 5min，取出冷却后用蒸馏水定容至 20mL，充分混匀。以 1 号试管溶液为空白对照调零，在 540nm 波长下测定 2、3、4 号试管液的吸光度值并记录结果。

根据 3 个重复吸光度值的平均值，在标准曲线上查出对应的葡萄糖含量，按下式计算出滤纸酶活力（U/g）。在上述条件下，每小时由底物生成 1μmol 葡萄糖所需的酶量定义为一个酶活力单位（U）。

$$滤纸酶活力（U/g）= \frac{葡萄糖含量（mg）× 酶液定容总体积（mL）×5.56（μmol/mg）}{反应液中酶液加入量（mL）× 样品重（g）× 时间（h）}$$

式中，5.56 为 1mg 葡萄糖的微摩尔数（1000/180≈5.56）。

3. C_1 酶活力的测定

以脱脂棉为底物，将 5mg/mL 的纤维素酶液稀释 10～15 倍后用于测定 C_1 酶活力。取 4 支洗净烘干的 20mL 具塞刻度试管，编号后各加入 50mg 脱脂棉，加入 1.5mL 0.05mol/L pH5.0 的柠檬酸缓冲液，并向 1 号试管中加入 1.5mL DNS 溶液以钝化酶活性，作为空白对照，比色时调零用。将 4 支试管同时在 45℃水浴中预热 5～10min，再各加入适当稀释后的酶液 0.5mL，45℃水浴中保温 24h。取出后立即向 2、3、4 号试管中各加入 1.5mL DNS 溶液以终止酶反应，充分摇匀后沸水浴 5min，取出冷却后用蒸馏水定容至 20mL，充分混匀。以 1 号试管溶液为空白对照调零，在 540nm 波长下测定 2、3、4 号试管液的吸光度值并记录结果。

根据 3 个重复吸光度值的平均值，在标准曲线上查出对应的葡萄糖含量，按下式计算出 C_1 酶活力（U/g）。在上述条件下反应 24h，由底物生成 1μmol 葡萄糖所需的酶量定义为一个酶活力单位（U）。

$$C_1 酶活力(U/g) = \frac{葡萄糖含量(mg) \times 酶液定容总体积(mL) \times 稀释倍数 \times 5.56(μmol/mg) \times 24(h)}{反应液中酶液加入量(mL) \times 样品重(g) \times 时间(h)}$$

式中，24 为酶活力定义中的 24h。

4. C_X 酶活力的测定

以 CMC 为底物，将 5mg/mL 的纤维素酶液稀释 5 倍后用于测定 C_X 酶活力。

取 4 支洗净烘干的 20mL 具塞刻度试管，编号后各加入 1.5mL 0.51% CMC 溶液，并向 1 号试管中加入 1.5mL DNS 溶液以钝化酶活性，作为空白对照，比色时调零用。将 4 支试管同时在 50℃水浴中预热 5～10min，再各加入稀释 5 倍后的酶液 0.5mL，50℃水浴中保温 30min 后取出，立即向 2、3、4 号试管中各加入 1.5mL DNS 溶液以终止酶反应，充分摇匀后沸水浴 5min，取出冷却后用蒸馏水定容至 20mL，充分混匀。以 1 号试管溶液为空白对照调零，在 540nm 波长下测定 2、3、4 号试管液的吸光度值并记录结果。

根据 3 个重复吸光度值的平均值，在标准曲线上查出对应的葡萄糖含量，按下式计算出 C_X 酶活力（U/g）。在上述条件下，每小时由底物生成 1μmol 葡萄糖所需的酶量定义为一个酶活力单位（U）。

$$C_X 酶活力(U/g) = \frac{葡萄糖含量(mg) \times 酶液定容总体积(mL) \times 稀释倍数 \times 5.56(μmol/mg)}{反应液中酶液加入量(mL) \times 样品重(g) \times 时间(h)}$$

5. β- 葡糖苷酶活力的测定

取 4 支洗净烘干的 20mL 具塞刻度试管，编号后各加入 1.5mL 0.5% 水杨酸苷溶液，并向 1 号试管中加入 1.5mL DNS 溶液以钝化酶活性，作为空白对照，比色时调零用。将其他 4 支试管同时在 50℃水浴中预热 5～10min，再各加入酶液 0.5mL，50℃水浴中保温 30min，取出后立即向 2、3、4 号试管中各加入 1.5mL DNS 溶液以终止酶反应，充分摇匀后沸水浴 5min，取出冷却后用蒸馏水定容至 20mL，充分混匀。以 1 号试管溶液为空白对照调零，在 540nm 波长下测定 2、3、4 号试管液的吸光度值并记录结果。

根据 3 个重复吸光度值的平均值，在标准曲线上查出对应的葡萄糖含量，按下式计算出 β- 葡糖苷酶活力（U/g）。在上述条件下，每小时由底物生成 1μmol 葡萄糖所需的酶量定义为一个酶活力单位（U）。

$$β- 葡糖苷酶活力(U/g) = \frac{葡萄糖含量(mg) \times 酶液定容总体积(mL) \times 5.56(μmol/mg)}{反应液中酶液加入量(mL) \times 样品重(g) \times 时间(h)}$$

6. 结果计算

（1）葡萄糖标准曲线的制作（表 4-3）。

表 4-3　标准曲线测定数据列表

管号	1	2	3	4	5	6	7	8
葡萄糖含量 /mg	0	0.2	0.4	0.6	0.8	1.0	1.2	1.4
吸光度值（A_{540nm}）	0							

根据表 4-3 中数值，以葡萄糖含量（mg）为横坐标，以对应的吸光度值为纵坐标，在坐标纸上绘制出葡萄糖标准曲线，并在坐标纸的右上角写上实验题目、实验时间、实验人。

（2）滤纸酶活力的测定结果计算（表 4-4）。

表 4-4　滤纸酶活力的测定数据列表

管号	1	2	3	4	三管平均值
吸光度值（A_{540nm}）	0				
葡萄糖含量 /mg	0				

根据滤纸酶活力公式，计算出滤纸酶活力（U/g）：

$$滤纸酶活力（U/g）= \frac{葡萄糖含量（mg）\times 20（mL）\times 5.56（\mu mol/mg）}{0.5（mL）\times 0.05（g）\times 1（h）}$$

（3）C_1 酶活力的测定结果计算（表 4-5）。

表 4-5　C_1 酶活力的测定数据列表

管号	1	2	3	4	三管平均值
吸光度值（A_{540nm}）	0				
葡萄糖含量 /mg	0				

根据 C_1 酶活力公式，计算出 C_1 酶活力（U/g）：

$$C_1 酶活力（U/g）= \frac{葡萄糖含量（mg）\times 20（mL）\times 稀释倍数 \times 5.56（\mu mol/mg）\times 24（h）}{0.5（mL）\times 0.05（g）\times 24（h）}$$

（4）C_X 酶活力的测定结果计算（表 4-6）。

表 4-6　C_1 酶活力的测定数据列表

管号	1	2	3	4	三管平均值
吸光度值（A_{540nm}）	0				
葡萄糖含量 /mg	0				

根据 C_X 酶活力公式，计算出 C_X 酶活力（U/g）：

$$C_X \text{ 酶活力}（U/g）= \frac{葡萄糖含量（mg）\times 20（mL）\times 5 \times 5.56（\mu mol/mg）}{0.5（mL）\times 0.05（g）\times 0.5（h）}$$

（5）β- 葡糖苷酶活力的测定结果计算（表 4-7）。

表 4-7　C₁ 酶活力的测定数据列表

管号	1	2	3	4	三管平均值
吸光度值（A_{540nm}）	0				
葡萄糖含量 /mg	0				

根据 β- 葡糖苷酶活力公式，计算出 β- 葡糖苷酶活力（U/g）：

$$β\text{- 葡糖苷酶活力}（U/g）= \frac{葡萄糖含量（mg）\times 20（mL）\times 5.56（\mu mol/mg）}{0.5（mL）\times 1.5（mL）\times 0.51（g/100mL）\times 0.5（h）}$$

五、注意事项

（1）DNS 溶液配制时，将含 DNS 的 NaOH 溶液加到含酒石酸钾钠的热水溶液中时，一定要慢倒，边倒边搅拌，以防被烫伤。

（2）纤维素酶液的浓度可根据不同酶制剂的活力而进行相应调整。如果酶活力高，酶浓度可小些；酶活力低时，酶浓度则大些。

（3）在测定时，调零用 1 号管溶液一定在相应的各管溶液测定完成后，方可从比色皿中弃掉。

（4）测定酶活力时，滤纸条和脱脂棉等底物一定要充分浸入反应液中。

（5）用移液管或移液器加各试剂时，不能将移液管或取液枪头混用。

六、思考题

（1）为什么用产物的生成量来定义酶活力单位而不用底物减少量来定义？

（2）DNS 为什么能钝化纤维素酶的活性？

（3）为什么在测定 C₁ 酶活力和 C_X 酶活力时，酶液要稀释？

实验四　蛋白质含量的测定

I. 双缩脲法

一、实验目的

（1）学习并掌握双缩脲法测定蛋白质含量的原理及方法。

（2）了解蛋白质含量测定在生命科学中的作用。

二、实验原理

尿素加热至 180℃左右，产生双缩脲并释放出一分子氨，双缩脲在碱性环境中能与 Cu^{2+} 结合成紫红色的络合物，此反应称为双缩脲反应（图 4-5）。蛋白质含有多个肽键，其结构与双缩脲相似，也能发生此反应，在碱性溶液中能与 Cu^{2+} 形成紫红色配合物，在 540nm 处有最大吸光度值。在一定浓度范围内，蛋白质的浓度与双缩脲反应所呈的颜色深浅成正比，因此可以用比色法定量测定蛋白质的浓度。

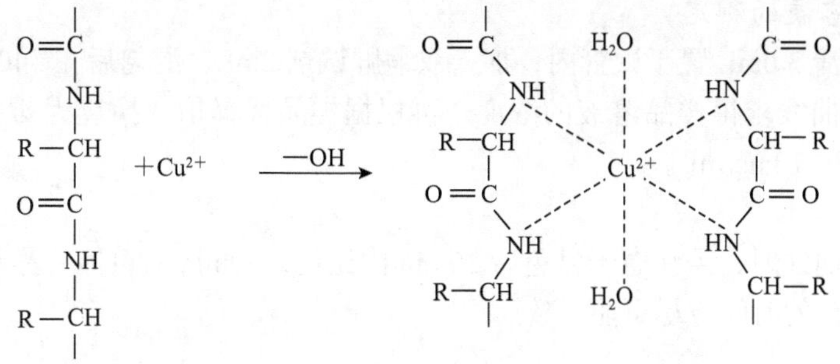

多肽链（双缩脲类似物）　　　　　　　　紫红色配合物

图 4-5　双缩脲反应示意图

双缩脲法最常用于需要快速但不要求十分精确的测定。

三、实验器材

1. 材料

动物血清：使用前用蒸馏水稀释 10 倍，置于 4℃冰箱保存备用。

2. 试剂

（1）双缩脲试剂：称取 1.5g 硫酸铜（$CuSO_4 \cdot 5H_2O$）和 6.0g 酒石酸钾钠（$KNaC_4H_4O_6 \cdot 4H_2O$）溶解于 500mL 蒸馏水中，边搅拌边加入 300mL 10% 的 NaOH 溶液，至完全溶解，移至容量瓶定容至 1000mL，贮存于塑料试剂瓶内，此试剂可长期保存。若出现黑色沉淀，则需重新配制。

（2）标准蛋白质溶液（5mg/mL）：准确称取已定氮的酪蛋白（干酪素或牛血清白蛋白），用 0.05mol/L NaOH 溶液配制，于 4℃冰箱中存放备用。

3. 器具

可见分光光度计、比色皿、电热恒温水浴锅、容量瓶、试管、试管架、移液管等。

四、实验步骤

1. 标准曲线的绘制

取 7 支干净试管编号，按表 4-8 进行操作。

表 4-8　双缩脲法测定蛋白质浓度——标准曲线的绘制

试剂	管号						
	0	1	2	3	4	5	6
标准蛋白质溶液 /mL	0	0.2	0.4	0.6	0.8	1.0	1.2
蒸馏水 /mL	3.0	2.8	2.6	2.4	2.2	2.0	1.8
双缩脲试剂 /mL	2.0	2.0	2.0	2.0	2.0	2.0	2.0
	充分混匀，在 540nm 处比色						
蛋白质浓度 /（mg/mL）	0	0.2	0.4	0.6	0.8	1.0	1.2
A_{540nm}							

以吸光度为纵坐标，各管蛋白质溶液浓度（mg/mL）为横坐标绘制标准曲线。

2. 样品溶液的测定

取动物血清 3.0mL 置于试管内，加入双缩脲试剂 2mL，混匀后在 540nm 处测定吸光度，对照标准曲线求得样品溶液的浓度，再根据样品稀释倍数换算为 g/100mL。注意样品浓度不要超过 10mg/mL。

五、注意事项

制作标准曲线时，需注意于显色后 30min 内比色，30min 后可能有雾状沉淀产生。各管由显色到比色的时间应尽可能一致。

六、思考题

（1）实验中配制试剂时加入硫酸铜和 NaOH 溶液的作用是什么？

（2）蛋白质与硫酸铜反应的反应式是什么？

II. 紫外分光光度法

一、实验目的

（1）学习紫外分光光度法测定蛋白质含量的方法。

（2）熟练掌握紫外分光光度计的使用方法。

二、实验原理

由于蛋白质分子中含有酪氨酸、色氨酸和苯丙氨酸等芳香族氨基酸，它们中含有的共轭键在紫外光 280nm 波长处有最大吸收峰，在一定浓度范围内（0.1~1.0mg/mL）蛋白质溶液的浓度与吸光度 A 值成正比，因此，可用紫外分光光度计定量测定蛋白质的含量。

由于核酸在 280nm 波长处也有光吸收，对蛋白质测定有一定的干扰作用，但核酸的最大吸收峰在 260nm 处。如果同时测定 260nm 的吸光度，通过计算可以消除其对蛋白质定量测定的影响。因此，如溶液中存在核酸时必须同时测定 280nm 及 260nm 的吸光度，方可通过计算测得溶液中的蛋白质浓度。

三、实验器材

1. 材料

酪蛋白。

2. 试剂

（1）标准蛋白质溶液：准确称取牛血清白蛋白 100mg，配制成浓度为 1mg/mL 的溶液 100mL。

（2）待测蛋白质溶液：用酪蛋白配制成浓度为 1.0mg/mL 左右的溶液。

（3）蒸馏水。

3. 器具

紫外分光光度计、石英比色皿、移液管、试管（1.5cm×15cm）、试管架等。

四、实验步骤

1. 280nm 光吸收法

（1）标准曲线的绘制：取 8 支干净试管，编号，按表 4-9 向每支试管内加入试剂，混匀，用光程为 1cm 的石英比色皿，在紫外分光光度计 280nm 波长处以 1 号管调零，分别测定各管溶液的吸光度 A_{280nm}，并填入表 4-9 中。以蛋白质浓度为横坐标，吸光度为纵坐标，绘制标准曲线。

表 4-9　紫外分光光度法测定蛋白质浓度——标准曲线的绘制

试剂	管号							
	0	1	2	3	4	5	6	7
标准蛋白质溶液 /mL	0	0.5	1.0	1.5	2.0	2.5	3.0	4.0
蒸馏水 /mL	4.0	3.5	3.0	2.5	2.0	1.5	1.0	0
蛋白质浓度 /（mg/mL）	0	0.125	0.25	0.375	0.5	0.625	0.75	1.0
A_{280nm}								

（2）样液测定：另取两支试管，分别取待测蛋白质溶液 1mL，加入蒸馏水 3mL，混匀，按上述方法测定各管溶液的吸光度 A_{280nm}。该操作至少重复一次。根据待测蛋白质溶液的吸光度值从标准曲线上查出其浓度。

2. 208nm 和 260nm 的吸收差法

将待测的蛋白质溶液稀释到吸光度为 0.2～2.0，在波长 280nm 及 260nm 处以相应的溶液作空白对照，分别测出吸光度值（A_{280nm} 和 A_{260nm}）。应用 280nm 和 260nm 的吸收差法经验公式直接计算出蛋白质浓度：蛋白质浓度（mg/mL）$=1.45A_{280nm}-0.74A_{260nm}$。

五、注意事项

（1）由于各种蛋白质含有不同量的酪氨酸和苯丙氨酸，显色的深浅往往随不同的蛋白质而变化，因而本方法通常只是用于测定蛋白质的相对浓度（相对于标准蛋白质）。

（2）蛋白质溶液中存在核酸或核苷酸时也会影响紫外分光光度法测定蛋白质含量的准确性，应用经验公式计算校正。

六、思考题

若样品中含有核酸类杂质，应如何校正？

III.　考马斯亮蓝结合法

一、实验目的

（1）学习和掌握考马斯亮蓝 G250 结合法测定蛋白质含量的原理。

（2）了解分光光度计在比色法中的应用。

二、实验原理

考马斯亮蓝 G250 作为一种染料能与蛋白质的疏水微区相结合，这种结合具有高敏感性。考马斯亮蓝 G250 的磷酸溶液呈棕红色，最大吸收峰在 465nm 波长处，当它与蛋白质结合形成复合物时呈蓝色，其最大吸收峰改变在 595nm 波长处。在一定蛋白质浓度范围内（0～1000μg/mL），其吸光度与蛋白质浓度成正比，因此可用于蛋白质浓度的测定。一些阳离子如 K^+、Na^+、Mg^{2+} 等物质对此测定无影响，而大量的去污剂如 SDS 等会产生干扰。

三、实验器材

1. 材料

牛血清白蛋白。

2. 试剂

（1）0.9% NaCl 溶液。

（2）标准蛋白质溶液：准确称取牛血清白蛋白 0.2g，用 0.9% NaCl 溶液溶解并稀释至 1000mL，配制成牛血清白蛋白标准液（0.1mg/mL）。

（3）染色液：称取 0.1g 考马斯亮蓝 G250（0.01%）溶于 50mL 95% 乙醇溶液中，再加入 100mL 浓磷酸，移至容量瓶，加蒸馏水定容到 1000mL。

（4）样品液：取牛血清白蛋白标准液（0.1mg/mL），用 0.9% NaCl 溶液稀释至一定浓度。

3．器具

722 型（或 7220 型）分光光度计，比色皿，电子分析天平，试管（1.5cm×15cm），吸管（0.10mL、0.50mL、1.0mL、2.0mL、5.0mL），容量瓶（1000mL），量筒（100mL）等。

四、实验步骤

1．标准曲线的绘制

取 7 支干净试管，编号，按表 4-10 加入试剂，充分混匀，室温静置 3min 后转移至比色皿中。以第一管溶液为空白对照，于 595nm 波长处分别测定各管溶液的吸光度，并填入表 4-10 中。以各管溶液蛋白质浓度（μg/mL）为横坐标，吸光度为纵坐标，绘制标准曲线。

表 4-10　考马斯亮蓝法测定蛋白质浓度——标准曲线的制备

试剂	管号						
	1	2	3	4	5	6	7
标准蛋白质溶液 /mL	0	0.1	0.2	0.3	0.4	0.6	0.8
0.9% NaCl 溶液 /mL	1.0	0.9	0.8	0.7	0.6	0.4	0.2
染色液 /mL	4.0	4.0	4.0	4.0	4.0	4.0	4.0
蛋白质浓度 /（μg/mL）	0	10	20	30	40	60	80
A_{595nm}							

2．样品液的测定

另取一支干净试管，加入样品液 1.0mL 及染色液 4.0mL，混匀，室温静置 3min，于波长 595nm 处比色，读取吸光度，由样品液的吸光度查标准曲线即可求出样品中蛋白质浓度。如果样品进行了稀释，结果要乘以稀释倍数。

五、注意事项

蛋白质与考马斯亮蓝 G250 结合的反应十分迅速，在 2min 左右达到平衡，完成时，其结合物在室温下 1h 内保持稳定。因此测定时，不可放置太长时间，否则将使结果偏低。

六、思考题

（1）制作标准曲线及测定样品时，为什么要将各试管中的溶液充分混匀？

（2）蛋白质的测定方法有哪些？它们各有什么优缺点？

IV．BCA 法

一、实验目的

（1）掌握 BCA 法测定蛋白质浓度的原理。

（2）熟悉 BCA 法测定蛋白质浓度的操作方法。

二、实验原理

BCA 试剂是由聚氰基丙烯酸正丁醇（bicinchonininc acid）与硫酸铜等组成的苹果绿色混合试剂，在碱性条件下，蛋白质与 Cu^{2+} 络合，并将其还原为 Cu^+，Cu^+ 与 BCA 试剂反应，使其由原来的苹果绿色形成稳定的紫色复合物，在 562nm 波长处有强烈的光吸收，且吸光度和蛋白质浓度在广泛范围内有良好的线性关系，因此可用于蛋白质浓度测定。BCA 测定蛋白质浓度的范围是 20～200μg/mL，微量 BCA 测定范围是 0.5～10μg/mL。该法被科研工作者广泛选用。

三、实验器材

1. 材料

动物血清：0.1mL 动物血清用生理盐水稀释至 100mL。

2. 试剂

（1）BCA 工作试剂。

试剂 A：1% BCA 二钠盐溶液，2% 无水碳酸钠溶液，0.16% 酒石酸钠溶液，0.4% 氢氧化钠溶液，0.95% 碳酸氢钠，混合后调 pH 至 11.25。

试剂 B：4% 硫酸铜溶液。

向 100mL 试剂 A 中加入 2mL 试剂 B，混合均匀。也可用市面销售的 BCA 试剂盒。

（2）标准蛋白质溶液：根据结晶牛血清白蛋白纯度，用生理盐水配制成 1.5mg/mL 的标准蛋白质溶液。

（3）蒸馏水。

3. 器具

分光光度计及比色皿、恒温水浴锅、移液器、试管及试管架。

四、实验步骤

1. 绘制标准曲线

取 13 支干净 10mL 试管，编号（除空白管只做 1 管外，其他各测定管均重复做两管），按表 4-11 向各管加入试剂，充分混匀，37℃水浴 30min 后转移至比色皿中，以第一管溶液为空白对照，于 562nm 波长处分别测定各管溶液的吸光度。以各标准管溶液蛋白质浓度（μg/mL）为横坐标，吸光度为纵坐标，绘制标准曲线。

表 4-11　BCA 法测定蛋白质浓度表

试剂	空白管	标准管 1×2	标准管 2×2	标准管 3×2	标准管 4×2	标准管 5×2	测定管 ×2
标准蛋白质溶液 /μL	—	20	40	60	80	100	—
蒸馏水 /μL	100	80	60	40	20	—	—
动物血清 /μL	—	—	—	—	—	—	100
BCA 工作试剂 /mL	2.0	2.0	2.0	2.0	2.0	2.0	2.0
			混匀，37℃保温 30min 比色测定				
A_{562nm}							

2. 计算

根据测定管的吸光度值在标准曲线上查出相应的蛋白质浓度，以此求出待测血清中蛋白质含量。

五、注意事项

（1）BCA法因其经济实用，测定可在微孔板中进行（待测样品体积为 1～20μL），可大大节约样品和试剂用量。

（2）BCA法抗干扰能力较强，不受绝大部分样品中的去污剂、尿素等化学物质影响，可以兼容样品中高达 50g/L 的 SDS、TritonX-100 和 Tween20 等。

六、思考题

（1）试比较 BCA 法与双缩脲法测定蛋白质含量的异同。

（2）简述 BCA 法测定蛋白质含量的原理。

实验五　血清胆固醇的测定——磷硫铁法

一、实验目的

掌握磷硫铁法测定血清胆固醇的原理和方法。

二、实验原理

正常人血清胆固醇含量为 100～250mg/100mL。年轻的成年人血清胆固醇含量等于或大于 300mg/100mL，就是严重冠心病的重要标志。其他疾病，如肾炎、糖尿病、黏液性水肿和黄瘤等血清胆固醇也呈高水平。血清中胆固醇含量可用磷硫铁法测定。血清经无水乙醇处理，蛋白质沉淀，胆固醇及其酯则溶于其中。在乙醇提取液中，加磷硫铁试剂（即浓硫酸和三价铁溶液），胆固醇及其酯与试剂形成比较稳定的紫红色化合物，呈色程度与胆固醇及其酯含量成正比，可用比色法于波长 560nm 处定量测定。

三、实验器材

1. 材料

动物血清。

2. 试剂

（1）无水乙醇、浓硫酸（分析纯）。

（2）10% $FeCl_3$ 溶液：称取 10g $FeCl_3 \cdot 6H_2O$（分析纯）溶于 85%～87% 浓磷酸中，然后定容至 100mL，于棕色瓶中冷藏，保存期为 1 年。

（3）磷硫铁试剂：量取 10% $FeCl_3$ 溶液 1.5mL 于 100mL 棕色容量瓶中，以浓硫酸（分析纯）定容至刻度。

（4）胆固醇标准贮液：准确称取胆固醇（化学纯，必要时须重结晶）80mg，溶于无水乙醇中，定容至 100mL，于棕色瓶中低温保存。

（5）胆固醇标准溶液：将胆固醇标准贮液用无水乙醇准确稀释 10 倍，此标准溶液含胆固醇 0.08mg/mL。

3. 器具

试管、容量瓶、移液管、离心机及离心管、分光光度计、比色皿等。

四、实验步骤

1. 胆固醇提取液的制备

准确吸取 0.2mL 动物血清置于干燥离心管中，先加无水乙醇 0.8mL，摇匀后，再加无水乙醇 4.0mL（无水乙醇分 2 次加入，目的是使蛋白质以分散很细的沉淀颗粒析出），加盖，用力摇匀 10min 后，3000r/min 离心 5min。取上清液备用。

2. 比色测定

取干燥试管 4 支，编号，分别按表 4-12 添加试剂。

表 4-12　血清胆固醇的测定

试剂	空白管	标准管	样品管 I	样品管 II
无水乙醇 /mL	2.0			
胆固醇标准液 /mL		2.0		
血清胆固醇提取液 /mL			2.0	2.0
磷硫铁试剂 /mL	2.0	2.0	2.0	2.0

加入上述试剂后，各管立即振荡 15～20 次，室温冷却 15min 后，分别转移至比色皿内，用分光光度计在 560nm 处比色，得 A_{560nm}。

3. 计算

样品血清胆固醇含量以 100mL 血清中的胆固醇含量表示，按以下公式求得。

$$血清胆固醇含量（mg/100mL）= \frac{A_{560nm}（样品液）}{A_{560nm}（标准液）} \times 0.08 \times \frac{100}{0.04}$$

$$= \frac{A_{560nm}（样品液）}{A_{560nm}（标准液）} \times 200$$

五、注意事项

（1）实验操作中涉及浓硫酸、浓磷酸，操作时必须十分小心。

（2）沿管壁缓慢加入磷硫铁试剂，如室温过低（15℃以下），可先将上清液置 37℃恒温水浴中片刻，然后加磷硫铁试剂显色。分成两层后，轻轻旋转试管，使其均匀混合。管口加盖，室温下放置。

（3）所用试管、比色皿均须干燥，如吸收水分，必然影响呈色反应。浓硫酸质量也很重要。

（4）呈色稳定仅约 1h。

（5）胆固醇含量过高时，应先将血清用生理盐水稀释后再测定，其结果需乘以稀释倍数。

六、思考题

（1）正常人血浆和血清中含有很多不溶于水的酯类，为什么血清清澈透明？

（2）请问机体的胆固醇以哪几种形式存在？

实验六　紫外分光光度法测定DNA的含量

一、实验目的
（1）掌握紫外分光光度法测定核酸含量的原理和操作方法。
（2）熟悉紫外分光光度计的基本原理和使用方法。

二、实验原理
　　紫外分光光度法测定核酸的含量，操作简便、快速、灵敏、用量少、对样品无损害，是一种常用的核酸测定方法。

　　由于核酸（DNA和RNA）、核苷酸及其衍生物的分子结构中的嘌呤、嘧啶具有共轭双键系统（—C＝C—C—），能够强烈吸收250～280nm波长的紫外光，其中，核酸的最大吸收峰在波长260nm处。在不同pH溶液中，嘌呤、嘧啶碱基互变异构的情况不同，紫外吸收光也随之表现出明显的差异，它们的摩尔吸光系数也随之不同。因此，在测定核酸物质时均应在特定pH溶液中进行。

　　核苷和核苷酸的摩尔吸光系数 ε（P）表示为：每升溶液中含有1mol核酸磷在260nm处的吸光度。RNA的 ε（P）：260nm（pH7.0）为7000～10 000。DNA的 ε（P）：260nm（pH7.0）为6000～8000。采用紫外分光光度法测定核酸含量时，通常规定：在260nm波长处，浓度为1μg/mL的DNA吸光度为0.020，而浓度为1μg/mL的RNA的吸光度为0.024。因此，测定未知浓度的DNA（RNA）溶液的吸光度 A_{260nm}，即可计算出其中核酸的含量。

　　由于蛋白质分子中含有芳香族氨基酸，因此，也具有吸收紫外光的特性。通常蛋白质的最大吸收峰在波长280nm处，而在260nm处的吸收值仅是核酸的1/10或更低，故核酸样品中蛋白质含量较低时，对紫外分光光度法测定核酸含量的影响不大。RNA的260nm与280nm吸光度的比值在2.0以上，DNA的260nm与280nm吸光度的比值在1.8左右。当样品中蛋白质含量较高时，比值下降，测定误差较大，应设法事先除去。

　　由于降解和水解作用，核酸的吸光度可以增大约40%，即增色效应。在大分子的核酸中，氢键和π键相互作用改变了碱基的共振作用，因此，核酸的吸光度低于构成它的核苷酸的吸光度，该现象称为减色效应。

三、实验器材
　　1. 材料
核酸样品DNA或RNA。
　　2. 试剂
（1）5%～6%氨水：将25%～30%氨水稀释5倍。
（2）钼酸铵-过氯酸沉淀剂：量取3.6mL 70%过氯酸，并称取0.25g钼酸铵溶于96.4mL蒸馏水中混匀。
（3）蒸馏水。
　　3. 器具
离心机、离心管、紫外分光光度计、石英比色皿、分析天平、容量瓶、移液管等。

四、实验步骤

1. 核酸样品纯度的测定

（1）准确称取待测的核酸样品 0.5g，加少量蒸馏水（或无离子水）调成糊状，再加适量的水，用 5%~6% 氨水调 pH 至 7，定容至 50mL。

（2）取 2 支离心管，甲管加入 2mL 样品溶液和 2mL 蒸馏水；乙管加入 2mL 样品溶液和 2mL 钼酸铵 - 过氧酸沉淀剂（沉淀去除大分子核酸，作为对照）。混匀，在冰浴（或冰箱）中放置 30min 后，3000r/min 离心 10min。从甲、乙两管中分别取 0.5mL 上清液，用蒸馏水定容至 50mL，选用光程为 1cm 的石英比色皿，以蒸馏水调零，在 260nm 波长下测其吸光度。

2. 核酸溶液含量的测定

如果待测的核酸样品中含有酸溶性核苷酸或可透析的低聚多核苷酸，在测定时需加钼酸铵 - 过氧酸沉淀剂，沉淀除去大分子核酸。

取 2 支离心管，每管各加入 2mL 待测的核酸样品溶液，再向 A 管内加入 2mL 蒸馏水，向 B 管内加 2mL 沉淀剂。混匀，在冰浴（或冰箱）中放置 10min 后，3000r/min 离心 10min。取 A、B 两管上清液，分别稀释至吸光度值为 0.1~1.0。选用光程为 1cm 石英比色皿，以蒸馏水调零。在 260nm 波长下测其吸光度 A_{260nm}。

3. 计算

（1）核酸样品纯度的计算：测定 DNA 时用 0.020，测定 RNA 时用 0.024。

$$DNA（或RNA）纯度 = \frac{A_{甲260nm} - A_{乙260nm}}{0.020（或0.024）\times 样品浓度} \times 稀释倍数$$

$$样品浓度 = \frac{0.5g}{50 \times \frac{4}{2} \times \frac{50}{0.5}(mL)} = 50（\mu g/mL）$$

（2）核酸溶液含量的计算（μg/mL）：测定 DNA 时用 0.020，测定 RNA 时用 0.024。

$$DNA（或RNA）含量（\mu g/mL）= \frac{A_{A260nm} - A_{B260nm}}{0.020（或0.024）}$$

五、注意事项

如果待测的核酸样品不含酸溶性核苷酸或可透析的低聚多核苷酸，则可将样品配制成一定浓度（20~50μg/mL）的溶液在紫外分光光度计上直接测定。

六、思考题

（1）采用紫外分光光度法测定样品的核酸含量，有何优点及缺点？

（2）若样品中含有核苷酸类杂质，应如何校正？

第五章 电 泳 技 术

第一节 电泳技术简介

电泳是指在电场作用下，带电颗粒向着与其电性相反的电极移动的现象。许多生物分子（如氨基酸、多肽、蛋白质、核苷酸、核酸）都带有电荷，其所带电荷的多少取决于分子结构及所在介质的 pH 和组成。在同一电场作用下，混合物中各个组分的泳动方向和速率不同，经过一定的时间可达到组分分离的目的。

电泳技术就是利用在电场作用下，由于待分离样品中各种分子带电性质以及分子本身大小、形状等性质的差异，使带电分子产生不同的迁移速率，从而对样品进行分离、鉴定或提纯的技术。

一、电泳的基本原理

当把一个带净电荷（Q）的颗粒放入电场时，颗粒便受一个推动力（F）的作用。F 的大小取决于颗粒所带的净电荷量和它所处的电场强度（E）的大小。在 F 的作用下，如果在真空状态下，带电颗粒迅速向电极移动。带电颗粒在单位电场中泳动的速度，常用迁移率（m）表示，则

$$m = \frac{Q}{6\pi\gamma\eta}$$

式中，γ 为颗粒半径；η 为介质黏度；Q 为电泳颗粒所带的净电荷。

由上式可以看出，影响泳动的因素有颗粒的性质、电场强度和溶液的性质。在电场中，带正电荷的颗粒向电场的负极移动，带负电荷的颗粒向正极移动，净电荷为零的颗粒在电场中不移动。

二、影响电泳迁移率的因素

（一）颗粒性质

颗粒性质主要指颗粒的带电量、直径大小及形状。一般来讲，颗粒所带净电荷越多，直径越小，形状越是接近球形，在电场中泳动速度就越快；反之，则越慢。

（二）电场强度

电场强度（electric field intensity）又称为电势梯度，是指每一厘米的电位降（电位差或电位梯度）。电场强度越大，带电颗粒移动速度越快；反之，越慢。根据电场强度的大小，可将电泳分为常压电泳（100～500V）和高压电泳（500～10 000V）。常压电泳的电场强度一般为 2～10V/cm，高压电泳的电场强度为 20～220V/cm。常压电泳一般用于分离蛋白质等生物大分子，所用时间较长。高压电泳的电泳时间较短，有时仅需数分钟，多用于小分子物质（如氨基酸、多肽、核苷酸、糖类等）的分离。

（三）溶液性质

溶液性质主要指电极溶液和样品溶液的 pH、离子强度和黏度等。

1. pH

溶液的 pH 决定带电颗粒的解离程度，即决定颗粒所带的净电荷量。对两性电解质（如蛋白质和氨基酸）而言，溶液的 pH 离其等电点越远，颗粒所带电荷量就越大，泳动速度越快；反之，越慢。因此，应选择适宜的 pH，既要使被分离物质的电荷量差异较大，又不致使其变性，以利于各种成分的分离、分析。此外，采用的缓冲液的 pH 也需恒定。为了保证电泳过程中溶液的 pH 恒定，必须采用缓冲液。

2. 离子强度

电泳时，溶液的离子强度以 0.02～0.2 较适宜。过高的离子强度，可降低颗粒的泳动速度。其原因是静电引力的作用使带电颗粒能把溶液中与其电荷相反的离子吸引在自己周围而形成离子扩散层，且扩散层与颗粒移动方向相反，从而导致颗粒泳动速度降低；若离子强度过低，则不能对由于电泳过程引起的溶液的 pH 变化起到有效的缓冲作用，也会影响颗粒的泳动速度。

3. 溶液黏度

电泳速度与溶液黏度成反比，因此黏度越大，电泳速度越小。电泳时一般要求溶液黏度较小。

4. 电渗现象

液体在电场中，对于固体支持介质的相对移动称为电渗。在有载体的电泳中，影响电泳移动的一个重要因素是电渗。最常遇到的情况是 γ- 球蛋白由原点向负极移动，这就是电渗作用所引起的倒移现象。产生电渗现象的原因是载体中常含有可电离的基团，如滤纸中含有羟基而带负电荷，与滤纸相接触的水溶液带正电荷，液体便向负极移动。由于电渗现象往往与电泳同时存在，所以带电粒子的移动距离也受电渗影响，如电泳方向与电渗相反，则实际电泳的距离等于电泳距离加上电渗的距离。琼脂中含有琼脂果胶，其中含有较多的硫酸根，所以在琼脂电泳时电渗现象很明显，许多球蛋白均向负极移动。除去了琼脂果胶后的琼脂糖用作凝胶电泳时，电渗大为减弱。电渗所造成的移动距离可用不带电的有色染料或有色葡聚糖点在支持物的中心，以观察电渗的方向和距离。

5. 焦耳热

在电泳过程中，释放出的热量与电流强度的平方成正比。当电池强度或电极缓冲液中离子强度增高时，电流强度会随之增大，产生的热量若不能及时排除，严重时会使纤维膜烧断。同时也降低了分辨率，在某些情况下，就需要在低温条件下进行电泳。

6. 筛孔

在以琼脂糖或聚丙烯酰胺凝胶作为支持物时，它们可以有大小不等的筛孔，在筛孔大的凝胶中溶质颗粒泳动速度快；反之，泳动速度慢。因此，不同的样品物质，应选择与之相适应的凝胶筛孔。

此外，温度、仪器装置等其他因素也会影响溶质颗粒的泳动速度。

三、电泳设备

电泳所需的仪器有：电泳槽和电源。

（一）电泳槽

它是电泳系统的核心部分，根据电泳的原理，电泳支持物都是放在两个缓冲液之间，电场通过电泳支持物连接两个缓冲液，不同电泳采用不同的电泳槽。常用的电泳槽如下。

1. 圆盘电泳槽

圆盘电泳槽有上、下两个电泳槽和带有铂金电极的盖。上槽中具有若干孔，孔不用时，用硅橡皮塞塞住，要用的孔配以可插电泳管（玻璃管）的硅橡皮塞。电泳管的内径早期为 5～7mm，为保证冷却和微量化，现在内径越来越小。

2. 垂直板电泳槽

垂直板电泳槽的基本原理和结构与圆盘电泳槽基本相同。差别只在于制胶和电泳不在电泳管中，而是在两块垂直放置的平行玻璃板中间。

3. 水平电泳槽

水平电泳槽的形状各异，但结构大致相同。一般包括电泳槽基座、冷却板和电极。

（二）电源

要使带电的生物大分子在电场中泳动，必须加电场，且电泳的分辨率和电泳速度与电泳时的电参数密切相关。不同的电泳技术需要不同的电压、电流和功率范围，所以选择电源主要根据电泳技术的需要。

四、电泳技术分类

（一）按原理分类

1. 区带电泳

电泳分离过程中，待分离的各组分分子在支持介质中被分离成许多条明显的区带，这是当前应用最为广泛的电泳技术。

2. 自由界面电泳

这是瑞士著名科学家 Tiselius 最早建立的电泳技术，是在"U"形管中进行电泳，无支持介质，因而分离效果差，现已被其他电泳技术所取代。

3. 等速电泳

等速电泳需使用专用电泳仪，当电泳达到平衡后，各电泳区带相随，分成清晰的界面，并以等速运动。

4. 等电聚焦电泳

由两性电解质在电场中自动形成 pH 梯度，被分离的生物大分子移动到各自等电点的pH 处聚集成很窄的区带。

（二）按支持介质分类

按支持介质的物理性状不同，区带电泳可分为：①纸电泳；②醋酸纤维素薄膜电泳；③琼脂糖凝胶电泳；④聚丙烯酰胺凝胶电泳；⑤十二烷基硫酸钠-聚丙烯酰胺凝胶电泳（SDS-PAGE）。

（三）按支持物的装置形式分类

1. 平板式电泳

支持物水平放置，是最常用的电泳方式。

2. 垂直板式电泳

聚丙烯酰胺凝胶可做成垂直板式电泳。

3. 柱状（管状）电泳

聚丙烯酰胺凝胶可灌入适当的电泳管中做成管状电泳。

五、常用的电泳方法

（一）纸电泳和醋酸纤维素薄膜电泳

纸电泳是用滤纸作为支持介质的一种早期电泳技术。尽管分辨率比凝胶介质要差，但由于其操作简单，所以仍有很多应用，特别是在血清样品的临床检测和病毒分析等方面有重要用途。

纸电泳使用水平电泳槽。分离氨基酸和核苷酸时常用 pH 为 2～3.5 的酸性缓冲液，分离蛋白质时常用碱性缓冲液。选用的滤纸必须厚度均匀，常用国产新华滤纸和进口的 Whatman 1 号滤纸。点样位置是在滤纸的一端距纸边 5～10cm 处。样品可点成圆形或长条形，长条形的分离效果较好。点样量为 5～100μg 或 5～10μL。点样方法有干点法和湿点法。湿点法是在点样前将滤纸用缓冲液浸湿，样品液要求浓度较高，不宜多次点样。干点法是在点样后再用缓冲液和喷雾器将滤纸喷湿，点样时可用吹风机吹干后多次点样，因而可以用浓度较低的样品。电泳时要选择好正、负极，电压通常使用 2～10V/cm 的低压电泳，电泳时间较长。对于氨基酸和肽类等小分子物质，则要使用 50～200V/cm 的高压电泳，电泳时间可以大大缩短，但必须解决电泳时的冷却问题，并要注意安全。

电泳完毕记下滤纸的有效使用长度，然后烘干，用显色剂显色。显色剂和显色方法，可查阅有关书籍。定量测定的方法有洗脱法和光密度法。洗脱法是将确定的样品区带剪下，用适当的洗脱剂洗脱后进行比色或分光光度测定。光密度法是将染色后的干滤纸用光密度计直接定量测定各样品电泳区带的含量。

醋酸纤维素薄膜电泳与纸电泳相似，只是换用了醋酸纤维素薄膜作为支持介质。将纤维素羟基乙酰化为醋酸纤维素酯，溶于丙酮后涂布成有均一细密微孔的薄膜，该膜一面为光滑面，另一面为粗糙面。光滑面是聚乙烯，粗糙面是醋酸纤维素酯一侧，所以点样时要将样品点在粗糙面上。其厚度以 0.1～0.15mm 为宜，太厚吸水性差，分离效果不好；太薄则膜片缺少应有的机械厚度，易碎。不同厂家生产的薄膜主要在乙酰化、厚度、孔径、网状结构等方面有所不同，但分离效果基本一致。

醋酸纤维素薄膜电泳与纸电泳相比有以下优点：①醋酸纤维素薄膜对蛋白质样品吸附极少，无"拖尾"现象，染色后蛋白质区带更清晰。②快速省时。由于醋酸纤维素薄膜亲水性比滤纸小，吸水少，电渗作用小，电泳时大部分电流由样品传导，所以分离速度快，电泳时间短，完成全部电泳操作只需 90min 左右。③灵敏度高，样品用量少。血清蛋白质电泳仅需 2μL 血清，点样量甚至少到 0.1μL，仅含 5μg 的蛋白质样品也可以得到清晰的电泳区带。临床医学用于检测微量异常蛋白的改变。④应用面广，可用于那些纸电泳不易分离的样品，如胎儿甲种球蛋白、溶菌酶、胰岛素、组蛋白等。⑤醋酸纤维素薄膜电泳染色后，用乙酸、乙醇混合液浸泡后可制成透明的干板，有利于光密度计和分光光度计扫描定量及长期保存。

　　由于醋酸纤维素薄膜电泳操作简单、快速、价廉，目前已广泛用于分析检测血浆蛋白、脂蛋白、糖蛋白、甲胎蛋白、体液、脊髓液、脱氢酶、多肽、核酸及其他生物大分子，为心血管疾病、肝硬化及某些癌症鉴别诊断提供了可靠的依据，因而已成为医学和临床检验的常规技术。

（二）琼脂糖凝胶电泳

　　琼脂（agar）是一类从石花菜及其他红藻类（rhodophyceae）植物提取出来的高分子复合物。去除琼脂中含硫酸根和羧基的琼脂后即得到不带电荷的琼脂糖。琼脂糖是一种天然的直链多糖，结构如图 5-1 所示，是主要由 D- 半乳糖和 3,6 脱水 L- 半乳糖连接而成的一种线性多糖，这种多糖在 100℃左右时呈液态，当温度下降到 45℃以下时，它们之间以氢键方式互相连接成束状的琼脂糖凝胶。

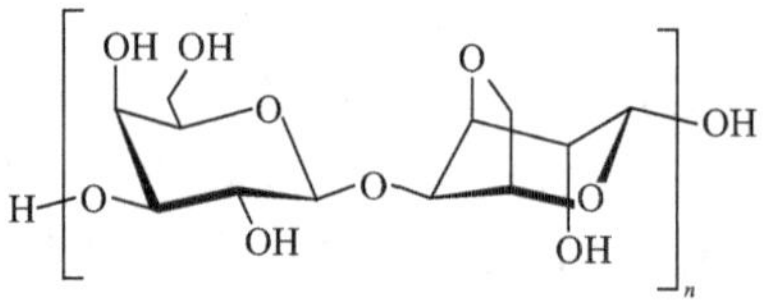

图 5-1　琼脂糖的线性结构

　　琼脂糖凝胶的制作是将干的琼脂糖悬浮于缓冲液中，通常使用的浓度是 1%～3%，加热煮沸至溶液变为澄清，注入模板后室温下冷却凝聚即成琼脂糖凝胶。琼脂糖之间以分子内和分子间氢键形成较为稳定的交联结构，这种交联的结构使琼脂糖凝胶有较好的抗对流性质。琼脂糖凝胶的孔径可以通过琼脂糖的最初浓度来控制，低浓度的琼脂糖形成较大的孔径，而高浓度的琼脂糖形成较小的孔径。尽管琼脂糖本身没有电荷，但一些糖基可能会被羧基、甲氧基，特别是硫酸根不同程度地取代，使得琼脂糖凝胶表面带有一定的电荷，引起电泳过程中发生电渗以及样品和凝胶间的静电相互作用，影响分离效果。市售的琼脂糖有不同的提纯等级，主要以硫酸根的含量为指标，硫酸根的含量越少，提纯等级越高。

　　琼脂糖凝胶可以用作蛋白质和核酸的电泳支持介质，尤其适合于分离核酸、同工酶、脂蛋白等大分子物质。

　　琼脂糖凝胶分离 DNA 的范围较广，不同浓度的琼脂糖凝胶可以分离长度为 200bp 至 50kb 的 DNA（详见本章实验四），如浓度为 1% 的琼脂糖凝胶的孔径对于蛋白质来说是比较大的，对蛋白质的阻碍作用较小，这时蛋白质分子大小对电泳迁移率的影响相对较小，所以适用于一些忽略蛋白质大小而只根据蛋白质天然电荷来进行分离的电泳技术，如免疫电泳、平板等电聚焦电泳等。琼脂糖也适合于 DNA 分子和 RNA 分子的分离、分析，由于 DNA 分子、RNA 分子通常较大，所以在分离过程中会存在一定的摩擦阻碍作用，这时分子的大小会对电泳迁移率产生明显影响。例如，对于双链 DNA，电泳迁移率的大小主要与 DNA 分子大小有关，而与碱基排列及组成无关。另外，一些低熔点（62~65℃）的琼脂糖可以在 65℃时熔化，因此其中的样品如 DNA 可以重新溶解到溶液中而回收。

由于琼脂糖凝胶的弹性较差，难以从小管中取出，所以一般琼脂糖凝胶不适用于管状电泳，管状电泳通常采用聚丙烯酰胺凝胶。琼脂糖凝胶通常是形成水平式板状凝胶，用于等电聚焦、免疫电泳等蛋白质电泳，以及 DNA、RNA 的分析。垂直板式电泳应用得相对较少。琼脂糖凝胶电泳操作时用的平板装置如图 5-2 所示。

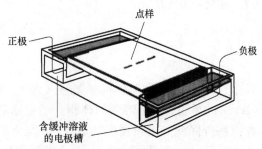

图 5-2 琼脂糖凝胶电泳时一般用平板装置

琼脂糖凝胶电泳，方法简单、快速，易操作，在核酸研究中得到了广泛应用。核酸琼脂糖凝胶电泳结果的检测方法有溴化乙锭染色、银染色及同位素放射显影法等。其中，溴化乙锭染色法较为普遍。

（三）聚丙烯酰胺凝胶电泳

聚丙烯酰胺凝胶电泳（PAGE）是以聚丙烯酰胺凝胶作为支持物的一种电泳方法。聚丙烯酰胺凝胶是以单体丙烯酰胺（Acr）和交联剂（双体）N, N'-亚甲基双丙烯酰胺（Bis）为材料，在催化剂作用下产生聚合反应而合成含酰胺基侧链的脂肪族长链，在相邻长链间通过甲叉桥连接而成的三维网状结构。

1. 丙烯酰胺的聚合

丙烯酰胺聚合时，常用的催化系统有化学聚合和光聚合两种。

（1）化学聚合：是以过硫酸铵 $[(NH_4)_2S_2O_2]$ 作为催化剂，四甲基乙二胺（TEMED）作为加速剂。当 Acr、Bis 和 TEMED 的水溶液中加入过硫酸铵时，过硫酸铵立刻产生自由基，单体与自由基作用随即"活化"。活化的单体彼此连接形成多聚体长链。

化学聚合的优点是孔径较小，而且重复性和透明度好。但由于催化剂是过硫酸铵强氧化剂，若在凝胶中有残余，则会影响蛋白质、酶分子的活性，甚至使之失活。

（2）光聚合：光聚合过程是一个光激发的催化反应过程。催化剂是核黄素，在氧和紫外线照射下，核黄素生成含自由基的产物，其作用同上述的过硫酸铵一样。通常把反应混合液置于一般日光灯旁，反应即可发生。用核黄素催化时，可以不加 TEMED，但加上会使聚合速度加快。

光聚合形成的凝胶呈乳白色，透明度较差。用核黄素催化的优点是用量极少，对分析样品无任何不良影响，聚合时间可以通过改变光照时间和强度来加以控制。

2. 凝胶孔径的形成

不同的样品物质在进行电泳时，需要选择与之相应的凝胶网孔，聚丙烯酰胺凝胶可以通过调节单体与交联剂的比例，来调节其网孔大小。丙烯酰胺浓度可以为 3%~30%。

低浓度的凝胶具有较大的孔径，如 3% 的聚丙烯酰胺凝胶对蛋白质没有明显的阻碍作用，可用于平板等电聚焦或 SDS-PAGE 的浓缩胶，也可用于分离 DNA；高浓度凝胶具有较小的孔径，对蛋白质有分子筛作用，可以用于根据蛋白质的分子质量进行分离的电泳中，如 10%～20% 的凝胶常用作 SDS-PAGE 的分离胶。

聚合后的聚丙烯酰胺凝胶的强度、弹性、透明度、黏度和孔径大小取决于凝胶浓度（T）和交联度（C）。

$$T=\frac{a+b}{V}\times 100\%$$

$$C=\frac{b}{a+b}\times 100\%$$

式中，a、b 分别是单体丙烯酰胺（Acr）和交联剂（双体）N, N'-亚甲基双丙烯酰胺（Bis）的质量；V 是溶液的体积。通常随着凝胶浓度的增加，凝胶的筛孔、透明度和弹性将会降低，机械强度却增加，a 与 b 的比值也会对这些性质产生明显影响。富有弹性，且完全透明的凝胶，a 与 b 的质量比应在 30 左右。

选择 T 和 C 的经验公式是

$$C=6.5-0.3T$$

此式可用于计算浓度为 5%～20% 时的凝胶组成。C 值并不很严格，在大多数情况下，可变化的范围约为 $\pm 1\%$。当 C 保持恒定时，凝胶的有效孔径随着 T 的增加而减小，当 T 保持恒定，C 为 4% 时，有效孔径最小；$C>4\%$ 或 $<4\%$ 时，有效孔径均变大；$C>5\%$ 时凝胶变脆，不宜使用；实验中最常用的 C 是 2.6% 和 3%。

配成 30% 的丙烯酰胺水溶液，在 4℃ 下能保存 1 个月，在贮存期间丙烯酰胺会水解为丙烯酸而增加电泳时的电内渗现象并减慢电泳的迁移率。丙烯酰胺和 N, N'-亚甲基双丙烯酰胺是一种对中枢神经系统有毒的试剂，操作时要避免直接接触皮肤，但它们聚合后则无毒。

未加 SDS 的天然聚丙烯酰胺凝胶电泳可以使生物大分子在电泳过程中保持其天然的形状和电荷，它们的分离是依据其电泳迁移率的不同和凝胶的分子筛作用，因而可以得到较高的分辨率，尤其是在电泳分离后仍能保持蛋白质等生物大分子的生物活性，对于生物大分子的鉴定有重要意义。其方法是在凝胶上进行两份相同样品的电泳，电泳后将凝胶切成两半，一半用于活性染色，对某个特定的生物大分子进行鉴定；另一半用于所有样品的染色，以分析样品中各种生物大分子的种类和含量。

3. 分离效应

聚丙烯酰胺凝胶电泳根据电泳差异分为不连续体系（即凝胶孔径的不连续性、缓冲液离子成分的不连续性、pH 的不连续性及电位梯度的不连续性）和连续体系（一层凝胶、一种 pH 和一种缓冲溶液）两种类型。不连续电泳体系中（如图 5-3 所示）由于缓冲液离子成分、pH、凝胶浓度及电位梯度的不连续性，带电颗粒在电场中泳动不仅有电荷效应、分子筛效应，还具有浓缩效应，因而其分离条带清晰度及分辨率均较后者佳。

目前常用的多为垂直圆盘电泳及板状电泳两种。前者凝胶是在玻璃管中聚合，样品分离区带经染色后呈圆盘状，因而称为圆盘电泳；后者凝胶是在两块间隔几毫米的平行玻璃板中聚合，故称为板状电泳。

（1）浓缩效应：电泳基质的不连续，使样品在浓缩层中得以浓缩，然后到达分离层得以分离。具体表现为以下几点。

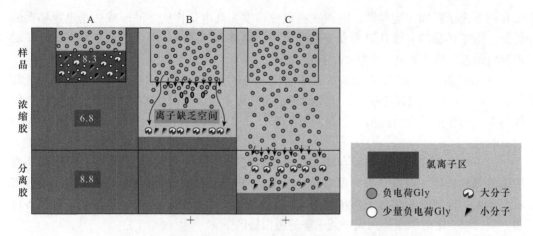

图 5-3 聚丙烯酰胺凝胶电泳浓缩层与分离层示意图
A. 将不同分子大小的混合物上样；B. 样品在浓缩胶中被压缩；
C. 样品进入分离胶，生物分子按相对分子质量由小到大泳动速度依次加快

A. 凝胶层的不连续性。以不连续的聚丙烯酰胺凝胶电泳为例说明，不连续凝胶系的不连续性表现在以下几方面：①凝胶由上、下两层组成，两层凝胶的孔径不同，上层为大孔径的浓缩胶，下层为小孔径的分离胶；②缓冲液离子组成及各层胶的 pH 不同，一般采用碱性系统，电极为 pH8.3 的 Tris- 甘氨酸缓冲液，浓缩胶为 pH6.8 的 Tris-HCl 缓冲液，而分离胶为 pH8.8 的 Tris-HCl 缓冲液；③在电场中形成不连续的电位梯度，在这样一个不连续的系统里，存在着 3 种物理效应，即电荷效应、浓缩效应（发生在浓缩胶中）和分子筛效应（发生在分离胶中）。因此，它具有比醋酸纤维素薄膜电泳高得多的分辨率。

B. 缓冲液离子成分的不连续性。在缓冲体系中存在三种不同的离子，第一种离子在电场中具有较大的迁移率，在电泳中走在最前面，这种离子称为前导离子（leading ion）（快离子）；第二种是与前导离子带有相同的电荷，但迁移率较小的离子称为尾随离子（tracking ion）（慢离子）；第三种是和前两种带有相反电荷的离子，称为缓冲平衡离子（buffer counter ion）。前导离子只存在于凝胶中，尾随离子只存在于电极缓冲液中，而缓冲平衡离子则在凝胶和缓冲液中均有。例如，分离蛋白质样品时，氯离子（Cl^-）为前导离子，甘氨酸离子（$NH_2CH_2COO^-$）为尾随离子，三羟甲基氨基甲烷（Tris）为缓冲平衡离子。电泳开始后，在样品胶和电极缓冲液间的界面上，前导离子很快地离开了尾随离子向下迁移，由于选择适当 pH 的缓冲液，使蛋白质样品的有效迁移率介于前导离子与尾随离子的界面处，从而被浓缩成为极窄的区带。

C. 电位梯度的不连续性。电位梯度的高低影响电泳速度，电泳开始后，由于前导离子的迁移率最大，在其后边就形成一个低离子浓度的区域即低电导区。电导与电位梯度成反比：

$$E=\frac{I}{k_e}$$

式中，E 为电位梯度；I 为电流强度；k_e 为电导率。

因此，这种低电导区就产生了较高的电位梯度，这种高电位梯度使蛋白质和尾随离

子在前导离子后面加速移动，因而在高电位梯度和低电位梯度之间形成一个迅速移动的界面。由于样品的有效迁移率介于前导离子、尾随离子之间，因此也就聚集在这个移动的界面附近，被浓缩成一个狭小的样品薄层。

D．pH的不连续性。在分离胶和浓缩胶之间有pH的不连续性，这是为了控制尾随离子的解离，从而控制其迁移率，使尾随离子的迁移率较所有被分离样品的迁移率低，以使样品夹在前导离子和尾随离子之间而被浓缩。一般电极缓冲液的pH是8.3，浓缩胶的pH为6.8。

（2）电荷效应：蛋白质混合物在界面处被高度浓缩，堆积成层，形成一狭小的高度浓缩的蛋白质区。但由于每种蛋白质分子所载净电荷不同，故电泳速度也不同。经分离胶电泳后，即使其相对分子质量相等，也会按带有净电荷的多少被分离开来。这样各种蛋白质就以一定的顺序排列成一条一条的蛋白质区带。

（3）分子筛效应：当夹在前导离子和尾随离子中间的蛋白质由浓缩胶进入分离胶时，pH和凝胶孔径突然改变，此时实际测量pH为9.5，与甘氨酸的pH 9.7～9.8接近。这就使慢离子的解离程度增大，有效迁移率相应增大，超过了所有的蛋白质分子，最终赶在了蛋白质分子的前面，同时高电场强度消失。于是，蛋白质样品就在均一的电场强度和pH条件下通过了一定孔径的分离胶。当蛋白质的相对分子质量或构型不同时，通过分离胶所受到的摩擦力和阻滞程度不同，所表现出的迁移率也不同，即使蛋白质分子的静电荷相似，也会在分离胶中被分离开，这就是所谓的分子筛效应。

4．主要特点

聚丙烯酰胺凝胶电泳具有以下主要特点。

（1）聚丙烯酰胺凝胶是人工合成的多聚体。调节其单体和交联剂的比例，就能得到不同孔径的凝胶物质，且重复性好。因此，具有广泛的适应性和很好的重复性。

（2）凝胶具有耐处理性，其机械强度大，弹性好，不易损坏。

（3）聚丙烯酰胺凝胶的骨架是碳—碳的多聚体，侧链不带电，无电渗作用。另外，聚丙烯酰胺不与样品发生相互作用。

（4）在一定范围内，凝胶对热稳定，无色透明，易于操作及观察，可用检测仪直接分析。

（5）设备简单，所需样品量少，分辨率高。

（6）用途广泛，除可用于生物高分子化合物的分析鉴定外，也可用于毫克级水平的分离制备。

目前，此法已成为分离蛋白质和核酸等生物大分子的重要方法之一，也是动物科学、动物医学领域进行遗传育种、微生物学、传染病学、病理学、寄生虫学等方面研究的重要手段之一。

（四）十二烷基硫酸钠 - 聚丙烯酰胺凝胶电泳

十二烷基硫酸钠 - 聚丙烯酰胺凝胶电泳（sodium dodecyl sulfate-polyacrylamide gel electrophoresis，SDS-PAGE）是最常用的定性分析蛋白质的电泳方法，特别适用于蛋白质纯度检测和蛋白质分子质量测定。

普通的PAGE是根据生物大分子在电泳系统中所带电荷及其相对分子质量不同而对

样品进行分离。然而有时两个相对分子质量不同的蛋白质，因其分子大小的差异而被所带电荷补偿而以相同的速度移动，因而不能达到分离的目的。SDS-PAGE 则可将电荷差异这一因素减小到可以略而不计的程度，使样品依分子大小而被分离。

SDS-PAGE 是在要进行电泳的样品中加入含有 SDS 和 β- 巯基乙醇的样品处理液，SDS 即十二烷基硫酸钠 [$CH_3(CH_2)_{10}CH_2OSO_3^-Na^+$]，是一种阴离子表面活性剂——去污剂，它可以断开分子内和分子间的氢键，破坏蛋白质分子的二级和三级结构；强还原剂——β- 巯基乙醇可以断开半胱氨酸残基之间的二硫键，破坏蛋白质的四级结构。电泳样品加入样品处理液后，要在沸水浴中煮 3～5min，使 SDS 与蛋白质充分结合，以使蛋白质完全变性和解聚，并形成棒状结构（图 5-4）。SDS 与蛋白质结合后使 SDS- 蛋白质复合物上带有大量的负电荷，平均每两个氨基酸残基结合一个 SDS 分子，这时各种蛋白质分子本身的电荷完全被 SDS 掩盖，这样就消除了各种蛋白质本身电荷上的差异。样品处理液中通常还加入溴酚蓝染料，用于控制电泳过程。另外，样品处理液中也可加入适量的蔗糖或甘油以增大溶液密度，使加样时样品溶液可以沉入样品凹槽底部。

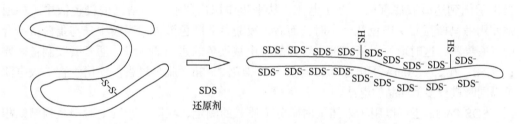

图 5-4　SDS 对蛋白质的变性作用

制备凝胶时首先要根据待分离样品的情况选择适当的分离胶浓度。例如，通常使用的 15% 的聚丙烯酰胺凝胶的分离范围是 $10^4～10^5$，即相对分子质量 $<10^4$ 的蛋白质可以不受孔径的阻碍而通过凝胶，而相对分子质量 $>10^5$ 的蛋白质则难以通过凝胶孔径，这两种情况的蛋白质都不能得到分离。所以如果要分离较大的蛋白质，需要使用低浓度如 10% 或 7.5% 的凝胶（孔径较大）；而分离较小的蛋白质，使用较高浓度凝胶（孔径较小）可以得到更好的分离效果。分离胶聚合后，通常在上面加上一层浓缩胶（约 1cm），并在浓缩胶上插入样品梳，形成上样凹槽。浓缩胶是低浓度的聚丙烯酰胺凝胶，由于浓缩胶具有较大的孔径 [丙烯酰胺浓度通常为 3%～5%]，各种蛋白质都可以不受凝胶阻碍而自由通过。浓缩胶通常 pH 较低（通常 pH 6.8），用于样品进入分离胶前将样品浓缩成很窄的区带。浓缩胶聚合后取出样品梳，上样后即可通电开始电泳。

PAGE 和 SDS-PAGE 有两种体系，即只有分离胶的连续体系和有浓缩胶与分离胶的不连续体系，不连续体系中最典型、国内外均广泛使用的是著名的 Omstein-Davis 高 pH 碱性不连续体系，其浓缩胶丙烯酰胺浓度为 4%，pH 6.8，分离胶的丙烯酰胺浓度为 12.5%，pH 8.8。电极缓冲液的 pH 为 8.3，用 Tris、SDS 和甘氨酸配制。配胶的缓冲液用 Tris、SDS 和 HCl 配制。

样品在电泳过程中首先通过浓缩胶，在进入分离胶前由于等速电泳现象而被浓缩。这是由于在电泳缓冲液中主要存在 3 种阴离子，Cl^-、甘氨酸阴离子以及蛋白质 -SDS 复合物，在浓缩胶的 pH 下，甘氨酸只有少量电离，所以其电泳迁移率最小，而 Cl⁻ 的电泳迁移率最大。在电场的作用下，Cl⁻ 最初的迁移速率最快，这样在 Cl⁻ 后面形成低离子浓度区域，即低电导区，而低电导区会产生较高的电场强度，因此 Cl⁻ 后面的离子在较高的电场强度作用下会加速移动。达到稳定状态后，Cl⁻ 和甘氨酸之间形成稳定移动的界面，而蛋白质 -SDS 复合物由于相对量较少，聚集在甘氨酸和 Cl⁻ 的界面附近而被浓缩成很窄的区带（可以被浓缩为 1/300），所以在浓缩胶中 Cl⁻ 是前导离子，甘氨酸阴离子是尾随离子。

当甘氨酸到达分离胶后，由于分离胶的 pH（通常为 8.8）较大，甘氨酸离解度加大，电泳迁移速率变大，超过 SDS- 蛋白质复合物，甘氨酸和 Cl⁻ 的界面很快超过 SDS- 蛋白质复合物。这时 SDS- 蛋白质复合物在分离胶中以本身的电泳迁移速率进行电泳，向正极移动。由于 SDS- 蛋白质复合物在单位长度上带有相等的电荷，所以它们以相等的迁移速率从浓缩胶进入分离胶，进入分离胶后，由于聚丙烯酰胺的分子筛作用，小分子的蛋白质可以容易地通过凝胶孔径，阻力小，迁移速率快；大分子蛋白质则受到较大的阻力而滞后，这样蛋白质在电泳过程中就会根据各自相对分子质量的大小而被分离。溴酚蓝指示剂是一种较小的分子，可以自由通过凝胶孔径，所以它显示着电泳的前沿位置。当指示剂到达凝胶底部时，停止电泳，从平板中取出凝胶，在适当的染色液中（如通常使用考马斯亮蓝）染色几个小时，而后过夜脱色。脱色液去除凝胶中未与蛋白质结合的背底染料，这时就可以清晰地观察到凝胶中被染色的蛋白质区带。通常凝胶制备需要 1～1.5h，在 25～30mA 下电泳通常需要 3h，染色 2～3h，脱色过夜。使用垂直平板电泳可以同时进行多个样品的电泳。

SDS-PAGE 还可以用于未知蛋白质分子质量的测定，在同一凝胶上对一系列已知相对分子质量的标准蛋白及未知蛋白质进行电泳，测定各个标准蛋白的电泳距离（或迁移率），并对各自相对分子质量的对数（$\lg M_r$）作图，即得到标准曲线。测定未知蛋白质的电泳距离（或迁移率），通过标准曲线就可以求出未知蛋白质的相对分子质量。

SDS-PAGE 经常应用于提纯过程中纯度的检测，纯化的蛋白质通常在 SDS-PAGE 上应只有一条带，但如果蛋白质是由不同的亚基组成的，它在电泳中可能形成分别对应于各个亚基的几条带。SDS-PAGE 具有较高的灵敏度，一般只需要不到微克量级的蛋白质，而且通过电泳还可以同时得到关于相对分子质量的情况，这些信息对于了解未知蛋白质及设计提纯过程都是非常重要的。

（五）等电聚焦电泳

等电聚焦电泳是根据两性物质等电点（pI）的不同而进行分离的，它具有很高的分辨率，可以分辨出等电点相差 0.01 的蛋白质，是分离两性物质如蛋白质的一种理想方法。等电聚焦电泳的分离原理是在凝胶中通过加入两性电解质形成一个 pH 梯度，两性物质在电泳过程中会被集中在与其等电点相等的 pH 区域内，从而得到分离。两性电解质是人工合成的一种复杂的多氨基 - 多羧基的混合物。不同的两性电解质有不同的 pH 梯度范围，要根据待分离样品的情况选择适当的两性电解质，使待分离样品中各个组分都在两性电解质的 pH 范围内，两性电解质的 pH 范围越小，分辨率越高。

等电聚焦电泳多采用水平平板电泳，也使用管状电泳。由于两性电解质的价格昂贵，使用 1～2mm 厚的凝胶进行等电聚焦电泳价格较高。使用两条很薄的胶带作为玻璃板间隔，可以形成厚度仅 0.15mm 的薄层凝胶，大大降低成本，所以等电聚焦电泳通常使用这种薄层凝胶。由于等电聚焦过程需要蛋白质根据其电荷性质在电场中自由迁移，通常使用较低质量浓度的聚丙烯酰胺凝胶（如 4%）以防止分子筛作用，也经常使用琼脂糖凝胶，尤其是对于相对分子质量很大的蛋白质。制作等电聚焦薄层凝胶时，首先将两性电解质、核黄素与丙烯酰胺贮液混合，加入带有间隔胶条的玻璃板上，而后在上面加上另一块玻璃板，形成平板薄层凝胶。经过光照聚合后，将一块玻璃板撬开移去，将一小薄片湿滤纸分别置于凝胶两侧，连接凝胶和电极液（正极为酸性如磷酸溶液，负极为碱性如氢氧化钠溶液）。接通电源，两性电解质中不同等电点的物质通过电泳在凝胶中形成 pH 梯度，从正极侧到负极侧，pH 由低到高呈线性梯度分布。而后关闭电源，上样时取一小块滤纸吸附样品后放置在凝胶上，通电 30min 后样品通过电泳离开滤纸进到凝胶中，这时可以去掉滤纸。最初样品中蛋白质所带的电荷取决于放置样品处凝胶的 pH，等电点大于 pH 的蛋白质带正电荷，在电场的作用下向负极移动，在迁移过程中，蛋白质所处的凝胶的 pH 逐渐升高，蛋白质所带的正电荷逐渐减少，到达 pH＝pI 处的凝胶区域时蛋白质不带电荷，停止迁移。同样，等电点小于上样处凝胶 pH 的蛋白质带负电荷，向正极移动，最终到达 pH＝pI 处的凝胶区域停止。可见等电聚焦过程无论样品加在凝胶上的什么位置，各种蛋白质都能向着其等电点处移动并最终到达其等电点处，对最后的电泳结果没有影响。所以有时可以将样品在制胶前直接加入凝胶溶液中。使用较高的电压（如 2000V，0.5mm 平板凝胶）可以得到较快速的分离（0.5～1h），但应注意对凝胶的冷却以及使用恒定功率的电源。电泳结束后应注意不能直接对凝胶染色，要首先经过 10% 三氯乙酸的浸泡以除去两性电解质后才能进行染色。

等电聚焦电泳还可以用于测定某个未知蛋白质的等电点。将一系列已知等电点的标准蛋白（通常 pI 3.5～10.0）及待测蛋白质同时进行等电聚焦电泳，测定各个标准蛋白电泳区带到凝胶某一侧边缘的距离，对各自的 pI 作图，即得到标准曲线。而后测定待测蛋白质的距离，通过标准曲线即可求出其等电点。

（六）毛细管电泳

毛细管电泳是 20 世纪 80 年代初由 Jorgenson 和 Luckacs 提出的。该电泳与常规凝胶电泳相比，具有测试速度快（每次仅需 0.5h）、进样量少［皮升（pL）级至纳升（nL）级］、应用范围广（可用于蛋白质、多肽、核酸、寡核苷酸、碱基、多糖、维生素和多酚等生物物质的分离检测）和自动化程度高等优点。近年来，该电泳方法在生物科学研究领域起的作用越来越大。

毛细管电泳（capillary electrophoresis，CE）也称为高效毛细管电泳（high performance capillary electropHoresis，HPCE），是以毛细管（内径 50～10μm）为分离通道，使得通道内的物质按照其相对分子质量、电荷、浓度等因子的差异得到有效分离的液相分离技术。CE 所用的石英毛细管管壁的主要成分是硅酸（H_2SiO_3），在 pH＞3 时，H_2SiO_3 发生解离，使得管内壁带负电荷，和溶液接触形成双电层。在高电压作用下，双电层中的水合阳离子层使得溶液整体向负极定向移动，形成电渗流。带正电荷粒子所受的电场力和电渗流的方向一致，其移动速率是迁移速率和电渗流之和；不带电荷的中性粒子是在电渗的作用下移动的，其迁移速率为"零"，故移动速率相当于电渗流；带负电荷粒子所受的电场力和电渗流的方向相反，因电渗的作用一般大于电场力的作用，故其移动速率为电渗流与迁移速率之差。在毛细管中，不管各组分是否带电荷以及带何种电荷，它们都会在强大的电渗流的推动下向负极移动，但是移动速率不一样，正离子＞中性粒子＞负离子，因此样品中各组分就因为移动速率不同而得以分离。毛细管电泳和其他电泳的区别在于：无论带电荷还是不带电荷，各种成分的物质都可以分离，在一般电泳中起破坏作用的电渗却是毛细管电泳的有效驱动力之一。毛细管电泳的优点可概括如下。

1. 高分辨率

塔板数为 $10^5 \sim 10^6$/m，高者可达 10^7/m。

2. 高灵敏度

紫外检测器的检测限可达 $10^{-15} \sim 10^{-13}$mol，激光诱导荧光检测器检测限可达 $10^{-21} \sim 10^{-19}$mol。

3. 检测速度快

一般分析在十几分钟内完成，最快可在 60s 内完成。

4. 样品用量极少

进样所需样品为纳升（nL）级。

5. 成本低

实验消耗只需几毫升流动相，维持费用很低。

6. 多模式

可根据需要选用不同的分离模式，且仅需一台仪器。

7. 自动

CE 是目前操作自动化程度最高的电泳技术。但是，由于 CE 样品用量少，不便于制备。

CE 可以采用多种分离介质，具有多种分离模式和多种功能，因此其应用非常广泛。通常能配成溶液或悬浮溶液的样品（除挥发性和不溶物外）均能用 CE 进行分离和分析，小到无机离子，大到生物大分子和超分子，甚至整个细胞都可进行分离检测，如核酸（核苷酸）、蛋白质（多肽、氨基酸）、糖类（多糖、糖蛋白）、微量元素、维生素、杀虫剂、染料、小的生物活性分子、红细胞、体液等都可以用 CE 进行分离分析。此外，CE 在 DNA 序列和 DNA 合成中产物纯度测定、药物与细胞的相互作用和病毒的分析、碱性药物分子及其代谢产物分析、手性药物分析等方面都有重要应用。

第二节　电泳技术实验

实验一　醋酸纤维素薄膜电泳分离血清蛋白质

一、实验目的

（1）掌握醋酸纤维素薄膜电泳法分离血清蛋白质的原理和操作方法。

（2）了解影响电泳速度的因素。

二、实验原理

醋酸纤维素薄膜电泳是以醋酸纤维素薄膜为支持物分离蛋白质的一种电泳方法。醋酸纤维素薄膜是用纤维素经羟基乙酰化后得到的产物纤维素醋酸酯溶于有机溶剂后涂抹得到的厚度约为120μm的均匀薄膜，该膜一面为光泽面，一面为无光泽面，电泳时将待测样品点在粗糙无光泽面上。

蛋白质所带电荷的性质与其所处缓冲液的pH有关，当缓冲液的pH大于蛋白质等电点时，蛋白质带负电荷；当缓冲液的pH小于蛋白质等电点时，蛋白质带正电荷。如表5-1所示人血清中各种蛋白质的等电点都小于pH7.5，则在pH8.6的缓冲液中，它们都带负电荷，在电场中向正极移动，由于血清中各种蛋白质等电点不同，在相同pH条件下所带电荷量不同以及各种蛋白质的相对分子质量大小及分子形状也不同，因此在电场中的泳动速度也不相同，可以利用其泳动速度快慢不同对其进行分离。故本实验可将血清蛋白质分离为 α_1- 球蛋白、α_2- 球蛋白、β- 球蛋白、γ- 球蛋白、白蛋白五个区带，由于白蛋白所带负电荷量最大，泳动最快，向正极迁移的距离最大；γ- 球蛋白所带负电荷量最小，向正极迁移的距离最小，离原点最近。

表5-1　人血清中各种蛋白质的等电点及相对分子质量

蛋白质名称	等电点（pI）	相对分子质量（M_r）
白蛋白	4.88	69 000
α_1- 球蛋白	5.06	200 000
α_2- 球蛋白	5.06	300 000
β- 球蛋白	5.12	90 000～150 000
γ- 球蛋白	6.85～7.50	156 000～300 000

待电泳结束后，可用染色剂——氨基黑10B对薄膜进行染色，再用漂洗液洗去未与蛋白质结合的染料，之后在薄膜上就会看到处于不同位置蛋白质形成的电泳区带。

三、实验器材

1. 材料

动物血清。

2. 试剂

（1）巴比妥-巴比妥钠电泳缓冲液（pH8.6，0.075mol/L，离子强度0.06）：分别称取巴比妥1.66g和巴比妥钠12.76g，合并后用蒸馏水溶解并定容至1000mL。

（2）染色液：称取0.25g氨基黑10B，分别加入蒸馏水40mL、甲醇50mL、冰醋酸10mL混匀。

（3）漂洗液：分别量取95%乙醇溶液45mL、冰醋酸5mL和蒸馏水50mL混匀。

3. 器具

常压电泳仪、醋酸纤维素薄膜（2cm×8cm）、滤纸、盖玻片、镊子、白瓷板、培养皿、铅笔等。

四、实验步骤

1. 浸泡醋酸纤维素薄膜

用镊子轻轻地取出醋酸纤维素薄膜，观察好光泽面和无光泽面，无光泽面朝上完全浸入巴比妥-巴比妥钠电泳缓冲液中至少30min，浸泡后若整条薄膜的颜色一致而无白色斑点，则表明薄膜质地均匀，实验中应选用质地均匀的薄膜。

图 5-5　点样示意图

2. 点样

取出浸泡好的薄膜，无光泽面朝上平放在滤纸上，再取一张滤纸将薄膜夹在中间吸去多余缓冲液，用盖玻片蘸取事先放置在白瓷板上的血清，保持水平并轻轻地印在薄膜无光泽面距顶端约 1.5cm 处随即提起，用铅笔在顶端做好标记，如图 5-5 所示。

3. 电泳

将巴比妥 - 巴比妥钠电泳缓冲液倒入电泳槽内并保持两边液面齐平，再将大小合适的双层滤纸条的一端与电泳槽支架前沿对齐，另一端浸入电泳槽内的缓冲液中，用缓冲液将滤纸全部润湿并驱除气泡，使滤纸紧贴在支架上，即为滤纸桥。将点好样的薄膜点样面朝下，点样端置于负极，另一端置于正极，且薄膜要绷紧，中间不出现凹陷（图 5-6）。盖好电泳盖并连接电源线，打开电泳仪开关，调节电压至 100V，电流强度 0.4～0.6mA/cm 膜宽，电泳时间约为 25min。

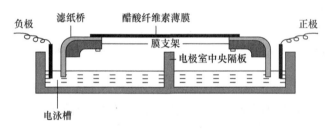

图 5-6　醋酸纤维素薄膜电泳装置示意图

4. 染色

电泳结束后，用镊子将薄膜取出并放在盛有染色液的培养皿中浸泡 5min。

5. 漂洗

将薄膜从染色液中取出后放入盛有漂洗液的培养皿中漂洗，每隔 10min 换一次漂洗液，连续数次，直至背景色脱去为止，此时将薄膜夹在滤纸中间吸干，即可观察到清晰的电泳图谱，其分析结果如图 5-7 所示。

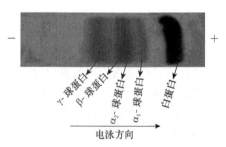

图 5-7　电泳结果示意图

五、注意事项

（1）点样好坏是获得理想图谱的重要环节之一，为防止污染，取薄膜时应用镊子。用滤纸吸取薄膜表面多余缓冲液时，应以不干不湿为宜。

（2）点样量不宜过多，若点样量过大，则电泳后条带分离不清，不便于观察结果。血清蛋白质常规电泳分离时，每厘米加样线点样量不超过 1μL。

（3）点样应细窄、均匀、集中，动作应轻、稳，用力不能太重，以免弄坏薄膜而影响电泳区带分离效果。点样必须一次性完成，切勿重复点样。

（4）电泳过程应选择合适的电流强度或电压。一般电流强度以 0.4～0.6mA/cm 膜宽为宜。电流强度过高，可能会引起蛋白质变性或由于热效应引起缓冲液水分蒸发，使得缓冲液浓度增加，造成薄膜干涸；电流过低，则样品泳动速度慢，易扩散。

六、思考题

醋酸纤维素薄膜电泳为什么能把血清蛋白质分离成若干区带？

实验二 聚丙烯酰胺凝胶电泳分离血清蛋白质

一、实验目的

掌握聚丙烯酰胺凝胶垂直板电泳分离蛋白质的基本原理及方法。

二、实验原理

聚丙烯酰胺凝胶垂直板电泳是以聚丙烯酰胺凝胶作为支持物的一种区带电泳，由于此种凝胶具有分子筛的性质，所以本法对样品的分离作用不仅取决于样品中各组分所带净电荷的多少，也与分子的大小有关。另外，聚丙烯酰胺凝胶电泳还有一种独特的浓缩效应，即在电泳开始阶段，由于不连续 pH 梯度的作用，将样品压缩成一条狭窄区带，从而提高了分离效果。聚丙烯酰胺凝胶具有网状立体结构，很少带有离子的侧基，惰性好，电泳时电渗作用小，几乎无吸附作用，对热稳定，呈透明状，易于观察结果。

聚丙烯酰胺凝胶是由单体丙烯酰胺（Acr）和交联剂 N, N'- 亚甲基双丙烯酰胺（Bis）在催化剂的作用下，聚合交联而成的含有酰胺基侧链的脂肪族大分子化合物。Acr 和 Bis 单独存在或混合在一起时是稳定的，但在具有自由基团体系时就能聚合。引发自由基团的方法有化学法和光化学法两种。化学法的引发剂是过硫酸铵（APS），催化剂是四甲基乙二胺（TEMED）；光化学法是以光敏感物——核黄素来代替过硫酸铵，在紫外光照射下引发自由基团。采用不同浓度的 Acr、Bis、APS、TEMED 使之聚合，产生不同孔径的凝胶。因此可按分离物质的大小、形状来选择凝胶浓度。

聚丙烯酰胺凝胶电泳（PAGE）有圆盘型和垂直板型之分，但两者的原理完全相同。由于垂直板型具有板薄、易冷却、分辨率高、操作简单、便于比较与扫描的优点，而为大多数实验室采用。

三、实验器材

1. 材料

动物血清。

2. 试剂

（1）30% 凝胶储液（1000mL）：称取 29.0g 丙烯酰胺（Acr）和 1.0g N, N'- 亚甲基双丙烯酰胺（Bis），溶于双蒸水中，最后定容至 1000mL，过滤后置于棕色试剂瓶中备用，4℃储存。

（2）2mol/L HCl：量取 16.8mL 浓盐酸用蒸馏水定容至 100mL。

（3）分离胶缓冲液（pH 8.8，1.5mol/L Tris-HCl 缓冲液）：称取三羟甲基氨基甲烷（Tris）18.15g，用适量蒸馏水溶解，加入 12mL 2mol/L HCl，调节 pH 至 8.8 后，用蒸馏水定容至 100mL。

（4）浓缩胶缓冲液（pH 6.8，0.5mol/L Tris-HCl 缓冲液）：称取 Tris 6g，用适量蒸馏

水溶解，加入 24mL 2mol/L HCl，调节 pH 至 6.8 后，用蒸馏水定容至 100mL。

（5）10% 过硫酸铵（APS）溶液：称取 0.1g 过硫酸铵溶解于 1mL 蒸馏水，现用现配，4℃保存。

（6）电极缓冲液（pH 8.3，Tris- 甘氨酸缓冲液）：称取 Tris 6g，甘氨酸 28.8g，用蒸馏水溶解后调节 pH 至 8.3，定容至 1000mL。用时稀释 10 倍。

（7）脱色液：分别量取甲醇 500mL，冰醋酸 100mL，蒸馏水 400mL，混匀，室温保存。

（8）染色液：称取 1g 考马斯亮蓝 R-250 溶解于 400mL 脱色液中，混匀后过滤，室温保存。

（9）蛋白质标准分子质量（蛋白质 Marker）。

（10）40% 蔗糖溶液：称取蔗糖 4g 加水至 10mL，充分溶解。

（11）0.05% 溴酚蓝溶液：称取 50mg 溴酚蓝溶于 0.005mol/L NaOH 溶液 100mL。

（12）四甲基乙二胺（TEMED）。

（13）1.5% 琼脂、蒸馏水。

3. 器具

直流稳压电泳仪、垂直平板电泳槽、制胶玻璃板、样品梳、移液器、微量进样器、烧杯（50mL）、乳胶手套、滤纸、EP 管、夹子、吸管、恒温干燥箱、微波炉、水平脱色摇床、培养皿等。

四、实验步骤

1. 制备玻璃板

认真清洗制胶玻璃板，烘干后将两块玻璃板紧贴于电泳槽，带凹面的玻璃板朝外，两边用夹子夹住。用夹子将其固定在制胶架上，用吸管将事先用微波炉加热好的 1.5% 琼脂趁热灌注于玻璃板底部的槽子内，防漏，待琼脂凝固后，将玻璃板在电泳槽上装好。

2. 灌注分离胶

用移液器按照表 5-2 中从上到下的顺序依次向 50mL 烧杯中加入分离胶试剂，待 TEMED 加入后，迅速混匀，即刻用细长的吸管将配好的分离胶溶液加入两块玻璃板之间的窄缝内，然后立即用吸管沿短玻璃板边缘向液面上缓缓铺一层厚度约为 0.5cm 的蒸馏水（注意不要搅乱分离胶界面），此时界面逐渐消失，约 30min 后，由于分离胶聚合后界面清晰可见，此时再放置 10min，待凝胶完全聚合后，将加入的蒸馏水用微量进样器吸出，并用滤纸吸干。

表 5-2　分离胶和浓缩胶的配制

试剂	分离胶（7.5%）	浓缩胶（5%）
30% 凝胶储液 /mL	5.00	1.00
分离胶缓冲液 /mL	2.50	—
浓缩胶缓冲液 /mL	—	1.25
蒸馏水 /mL	12.38	7.645
10% 过硫酸铵 /mL	0.10	0.10
TEMED/mL	0.02	0.005
总计 /mL	20	10

3. 灌注浓缩胶

按表 5-2 将浓缩胶配制在一个 50mL 烧杯内，迅速混匀后，即刻用细长的吸管将其灌入两块玻璃板之间，距凹形玻璃板上沿 0.5cm 处，将样品梳垂直缓慢地插入浓缩胶中。将配好的凝胶板置于垂直平板电泳槽内，待浓缩胶充分聚合后，轻轻拔出样品梳。向电泳槽内加入电极缓冲液至内槽玻璃凹面以上，外槽缓冲液加至距平玻璃板上沿 3mm 处，保证液面在样品孔以上。

4. 加样

取一支 1mL 的 EP 管，加入 0.1mL 血清、0.1mL 40% 蔗糖溶液、0.05mL 0.05% 溴酚蓝溶液混匀后，用微量进样器取样 5μL，小心地加到待测凝胶凹形样品孔底部，并在旁边样品孔加入蛋白质 Marker。

5. 电泳

将直流稳压电泳仪开关打开，开始时将电流调至 10mA。待样品进入分离胶时，将电流调至 20~30mA。当蓝色染料迁移至分离胶底部时，将电流调回到零，关闭电源。

6. 染色和脱色

取出凝胶板后，用一张卡片小心地将两块玻璃板撬开，切去浓缩胶后，将分离胶一端切除一角作为标记后转移至盛有染色液的培养皿中，标记好有溴酚蓝的位置。于水平脱色摇床上染色 1h 后，再将凝胶转移至盛有脱色液的培养皿中，期间更换脱色液数次，直至背景脱色为止。

五、注意事项

（1）本实验涉及的试剂有一定的毒性且对皮肤和黏膜有一定的刺激作用，全程操作应戴上手套，注意安全。

（2）用琼脂封住玻璃板的下沿后，在灌注分离胶之前应仔细检查有无漏胶现象。

（3）玻璃板表面应光滑洁净，否则在电泳时会使凝胶板与玻璃板之间产生气泡。

（4）切勿破坏加样凹槽底部的平整，以免电泳后区带扭曲。

（5）电泳时应选用合适的电流、电压，过高或者过低都会影响电泳效果。

（6）为防止电泳后区带拖尾，样品中盐离子强度应尽量低，含盐量高的样品可用透析法或凝胶过滤法脱盐。

六、思考题

（1）简述聚丙烯酰胺凝胶聚合的原理，如何调节凝胶的孔径？

（2）为什么样品会在浓缩胶中被压缩成层？

（3）为什么在样品中加含有少许溴酚蓝的 40% 蔗糖溶液？蔗糖及溴酚蓝各有何用途？

（4）内、外槽电泳缓冲液电泳后，能否混合存放？为什么？

实验三　SDS-PAGE测定蛋白质相对分子质量

一、实验目的

掌握用 SDS-PAGE 测定蛋白质相对分子质量的原理和方法。

二、实验原理

蛋白质在进行 PAGE 时，它的迁移率取决于它所带净电荷以及分子的大小和形状等因素。SDS 是一种阴离子型表面活性剂，能按一定比例与蛋白质分子结合成带负电荷的复合物，其负电荷远远超过了蛋白质分子原有的电荷，也就消除或降低了不同蛋白质之间原有的电荷差别。如果在聚丙烯酰胺凝胶系统中加入 SDS，则蛋白质分子的电泳迁移率主要取决于相对分子质量，而与其所带电荷和分子的形状无关。因此，可以利用 SDS-PAGE 测定蛋白质的相对分子质量。

利用 SDS-PAGE 测定蛋白质相对分子质量时，在电泳结束后需要先计算相对迁移率（R_f），R_f 是用测量的每个电泳谱带的迁移距离除以溴酚蓝前沿的迁移距离得到的。测量位置应在每个蛋白质电泳谱带的中央处。

然后用已知蛋白质相对分子质量的常用对数值为纵坐标、R_f 为横坐标绘图，通过测定未知蛋白的 R_f 值，便可在标准曲线上读出其相对分子质量。

三、实验器材

1. 材料

待测蛋白质样品。

2. 试剂

（1）30% 凝胶储液（1000mL）：称取 29.0g 丙烯酰胺（Acr）和 1.0g N, N'- 亚甲基双丙烯酰胺（Bis），溶于双蒸水中，最后定容至 1000mL，过滤后置于棕色试剂瓶中备用，4℃储存。

（2）2mol/L HCl：量取 16.8mL 浓盐酸用蒸馏水定容至 100mL。

（3）分离胶缓冲液（pH 8.8，1.5mol/L Tris-HCl 缓冲液）：称取 Tris 18.15g，用适量蒸馏水溶解，加入 12mL 2mol/L HCl，调节 pH 至 8.8 后，用蒸馏水定容至 100mL。

（4）浓缩胶缓冲液（pH 6.8，0.5mol/L Tris-HCl 缓冲液）：称取 Tris 6g，用适量蒸馏水溶解，加入 24mL 2mol/L HCl，调节 pH 至 6.8 后，用蒸馏水定容至 100mL。

（5）10% 过硫酸铵（APS）溶液：称取 0.1g 过硫酸铵溶解于 1mL 蒸馏水，现用现配，4℃保存。

（6）电极缓冲液（pH 8.3，Tris- 甘氨酸缓冲液）：称取 Tris 6g，甘氨酸 28.8g，SDS 1g，蒸馏水溶解后调节 pH 至 8.3，定容至 1000mL。用时稀释 10 倍。

（7）脱色液：分别量取甲醇 500mL，冰醋酸 100mL，蒸馏水 400mL，混匀，室温保存。

（8）染色液：称取 1g 考马斯亮蓝 R-250 溶解于 400mL 脱色液中，混匀后过滤，室温保存。

（9）蛋白质标准分子质量（蛋白质 Marker）。

（10）2×上样缓冲液（2×SDS loading buffer）：称取甘油 12.5g、溴酚蓝 0.1g、SDS 2g，量取巯基乙醇 5mL，稀释 10 倍后的浓缩胶缓冲液 10mL，混匀后蒸馏水定容至 100mL，4℃保存。

（11）1.5% 琼脂。

（12）10% SDS。

（13）四甲基乙二胺（TEMED）、蒸馏水。

3. 器具

直流稳压电泳仪、垂直平板电泳槽、制胶玻璃板、样品梳、移液器、微量进样器、烧杯（50mL）、直尺、乳胶手套、吸管、恒温干燥箱、水平脱色摇床、培养皿等。

四、实验步骤

1. 制备玻璃板

认真清洗制胶玻璃板，烘干后将两块玻璃板紧贴于电泳槽，带凹面的玻璃板朝外，两边用夹子夹住。用夹子将其固定在制胶架上，用吸管将事先加热好的1.5%琼脂趁热灌注于玻璃板底部的槽子内，防漏，待琼脂凝固后，将玻璃板在电泳槽上装好。

2. 灌注分离胶

用移液器按照表5-3中从上到下的顺序依次向50mL烧杯中加入分离胶试剂，待TEMED加入后，迅速混匀，即刻用细长的吸管将配好的分离胶溶液加入两块玻璃板之间的窄缝内，至距短玻璃板上缘0.5cm处。然后立即用吸管沿短玻璃板边缘向液面上缓缓铺一层厚度约为0.5cm的蒸馏水（注意不要搅乱分离胶界面），此时界面逐渐消失，约30min后，由于分离胶聚合后界面清晰可见，此时再放置10min，待凝胶完全聚合后，将加入的蒸馏水用微量进样器吸出，并用滤纸吸干。

表5-3 分离胶和浓缩胶的配制

试剂	分离胶（12%）	浓缩胶（5%）
30% 凝胶储液 /mL	4.0	0.83
分离胶缓冲液 /mL	2.5	—
浓缩胶缓冲液 /mL	—	0.63
蒸馏水 /mL	3.3	3.40
10%SDS/mL	0.1	0.05
10% 过硫酸铵 /mL	0.1	0.05
TEMED/mL	0.004	0.005
总计（约）/mL	10	5

3. 灌注浓缩胶

按表5-3将浓缩胶配制在一个50mL烧杯内，迅速混匀后，即刻用细长的吸管将其灌入两块玻璃板之间，距凹形玻璃板上沿0.5cm处，将样品梳垂直缓慢地插入浓缩胶中。将配好的凝胶板置于垂直平板电泳槽内，待浓缩胶充分聚合后，轻轻拔出样品梳。向电泳槽内加入电极缓冲液至内槽玻璃凹面以上，外槽缓冲液加至距平玻璃板上沿3mm处，保证液面在样品孔以上。

4. 加样

取两个1mL的EP管，分别加入待测蛋白质样品和2×上样缓冲液各10μL的混合液和20μL蛋白质Marker，沸水浴上加热5min，取出冷却至室温。用微量进样器吸出10μL垂直地缓慢加入样品孔中。

5. 电泳

将正、负极与稳流电源之间的连线接好，打开电源开关，将电压调至80V，待样品进入分离胶后，将电压调至120V，待溴酚蓝迁移至凝胶下沿约1.5cm时，将电压调零，关闭电源。

6. 染色和脱色

取出凝胶板，用一张卡片小心地将两块玻璃板撬开，切去浓缩胶后，将分离胶转移至盛有染色液的培养皿中，标记好有溴酚蓝的位置。于摇床上染色 1h 后，再将凝胶转移至盛有脱色液的培养皿中，期间更换脱色液数次，直至背景脱色为止。

7. 相对分子质量的计算

用直尺分别量出蛋白质 Marker 各条带、待带蛋白质带中心以及溴酚蓝的位置，按下面的公式计算相对迁移率：

$$R_f = \frac{蛋白质带迁移距离}{溴酚蓝迁移距离}$$

然后以已知蛋白质（蛋白质 Marker 各条带）的相对分子质量的常用对数值为纵坐标、R_f 为横坐标绘图，通过待测蛋白质的 R_f 值，便可在标准曲线上读出其相对分子质量。

五、注意事项

（1）本实验涉及的试剂有一定的毒性且对皮肤和黏膜有一定的刺激作用，全程操作应戴上手套，注意安全。

（2）用琼脂封住玻璃板的下沿后，在灌注分离胶之前应仔细检查有无漏胶现象，且用琼脂封底及灌凝胶时不能有气泡，以免影响电流的通过。

（3）电泳时应选用合适的电流、电压，过高或者过低都会影响电泳效果。

（4）样品梳齿应平整光滑。

六、思考题

是否所有蛋白质都能用 SDS-PAGE 测定其相对分子质量？

实验四　DNA的琼脂糖凝胶电泳

一、实验目的

学习并掌握琼脂糖凝胶电泳的基本原理和操作方法。

二、实验原理

琼脂糖凝胶电泳是检测 DNA 浓度、纯度及相对分子质量的常用方法。该方法操作简便、快速且灵敏。DNA 分子在高于其等电点的 pH 溶液中带负电荷，在电场中向正极移动，它在琼脂糖凝胶中泳动是由电荷效应和分子筛效应所致，前者由分子所带电荷量的多少而定，后者则主要与分子大小及构象有关。由于糖 - 磷酸骨架在结构上的重复性，相同数量的双链 DNA 几乎具有等量的净电荷，因此它们能以同样的速率向正极移动。在一定的电场强度下，DNA 分子的迁移速率取决于 DNA 分子的大小和构象。电泳时，由于琼脂糖凝胶具有一定的孔径，因此具有不同相对分子质量的 DNA 片段迁移速率不同，DNA 分子的迁移速率与其相对分子质量的对数成反比，相对分子质量越大，受到的摩擦阻力越大，迁移越慢；此外，DNA 分子的构象也可影响其迁移速率，同样相对分子质量的 DNA，超螺旋共价闭环质粒 DNA（covalently closed circular DNA，cccDNA）迁移速率最快，线状 DNA（linear DNA）次之，开环 DNA（open circular DNA，cDNA）最慢。因此，可以根据不同迁移率将 DNA 分子有效分离。

荧光染料溴化乙锭（EB）是一种核酸染色剂，可嵌入 DNA 双螺旋结构上的两个碱基之间形成荧光络合物，在紫外灯照射下，发出橙红色荧光。而荧光的强度与 DNA 的含量成正比，如将已知浓度的标准样品作电泳对照，就可估计出待测样品的浓度。琼脂糖凝胶分离 DNA 的范围较广，不同浓度的琼脂糖凝胶通常可以分离长度为 50bp 至 60kb 的 DNA（表 5-4）。

表 5-4　琼脂糖凝胶分离 DNA 的范围

琼脂糖的含量 /%	分离线状 DNA 分子的有效范围 /kb	琼脂糖的含量 /%	分离线状 DNA 分子的有效范围 /kb
0.3	5～60	1.2	0.4～6
0.7	0.8～10	1.5	0.2～3
1.0	0.5～10	2.0	0.05～2

综上所述，通过 DNA 琼脂糖凝胶电泳可知 DNA 的纯度、含量和相对分子质量。

三、实验器材

1. 材料

DNA 样品。

2. 试剂

（1）10×TBE（Tris borate EDTA）缓冲液（pH8.3）：称取 10.78g Tris、5.50g 硼酸和 EDTA-Na$_2$·H$_2$O 0.93g 溶于去离子水，定容至 100mL，调 pH 至 8.3，用水稀释 10 倍。

（2）DNA 相对分子质量标准（DNA Marker）。

（3）溴酚蓝指示剂：将 0.05g 溴酚蓝溶于 100mL 50% 甘油中。

（4）琼脂糖。

（5）溴化乙锭（EB，5mg/mL）液：称取 EB 0.5g，加入去离子水 100mL 制成水溶液。

（6）10×DNA 加样缓冲液：称取 37.5g 甘油（30mL），加入灭菌的 0.5mol/L EDTA 5mL，1mol/L Tris-HCl 2.5mL，10% SDS 0.5mL，ddH$_2$O 12mL，混匀后加入 10～25mg 溴酚蓝，小管分装后 4℃保存。

3. 器具

EP 管、一次性手套、移液枪、锥形瓶、烧杯、量筒、滴管、微波炉、稳压电泳仪、全自动凝胶成像仪、水平式电泳槽、制胶模具及梳子等。

四、实验步骤

1. 琼脂糖凝胶的制备

根据制胶模具大小，称取一定量的琼脂糖，放入 100mL 锥形瓶中，按 1% 的浓度加入 10×TBE 缓冲液，瓶口上倒扣 1 个小烧杯，置于微波炉中加热至完全溶解，取出摇匀，待冷却至 60℃左右时，加入 EB 液，使 EB 终浓度为 0.5μg/mL（操作时戴手套）。

2. 凝胶的制备

将制备好的琼脂糖凝胶缓慢倒入事先洗净并干燥的制胶模具中，垂直并缓慢插好梳子，以防产生气泡。室温下放置 20min 左右，待琼脂糖冷凝后小心拔出梳子，将凝胶置于电泳槽中，向电泳槽中加入 10×TBE 缓冲液，使液面高于胶面约 1mm。**注意**：电泳槽中缓冲液和配制凝胶的缓冲液应完全一致，最好为同一次配制的溶液。

3．加样

用移液枪取 DNA 样品 9μL 至 EP 管中，加入 1μL 10× 加样缓冲液混匀后，将其加到凝胶上的样品孔内，同时在旁边一样品孔内加入 10μL DNA Marker。注意枪头不可碰孔壁。

4．电泳

盖好水平式电泳槽盖子并接通电源，注意 DNA 向正极移动，加样端要接负极。电压选择为 1～5V/cm，一般为 40V，电泳时间据具体样品而定，当溴酚蓝染料移动到距凝胶前沿约 1cm 处时，关闭电源。

5．观察结果

取出凝胶，用全自动凝胶成像仪观察结果，拍照并保存。

五、注意事项

（1）EB 为强致癌剂，使用时一定要戴手套。

（2）加在凝胶中的 EB 电泳时向负极移动，使 DNA 迁移率下降约 15%，对带型有一定的影响。故在凝胶中可不加 EB，等电泳结束后，将凝胶置于 0.5μg/mL 的 EB 液中染色 30min。

（3）如操作熟练，可将 EB 预先加入琼脂糖中，使其浓度达到 0.5μg/mL，电泳完毕，取出，可立即在紫外灯下观察。

（4）EB 废液要经过处理才可丢弃，较容易的方法是：用水将其稀释至 0.5μg/mL 以下，加入等体积 0.5mol/L $KMnO_4$ 溶液混匀，再加等体积 2.5mol/L HCl 溶液混匀，室温放置数小时，再加入等体积的 2.5mol/L NaOH 溶液混匀即可废弃。

六、思考题

DNA 琼脂糖凝胶电泳中溴化乙锭的作用是什么？

第六章　层析技术

第一节　层析技术简介

层析（chromatography）技术又称色谱法或色谱技术，是 1903 年由俄国植物学家 M. Tswett 首先提出来的。他将叶绿素的石油醚溶液通过 $CaCO_3$ 管柱，并继续以石油醚淋洗，由于 $CaCO_3$ 对叶绿素中各种色素的吸附能力不同，色素逐渐被分离，在管柱中出现了不同颜色的谱带或称层析图（chromatogram）。

随后，英国生物学家 Martin 和 Synge 首先提出的层析塔板理论，极大地推动了层析技术的发展。层析塔板理论在层析柱操作参数基础上模拟蒸馏理论，以理论塔板来表示分离效率，定量地描述、评价层析分离过程。同时，他们根据液 - 液逆流萃取的原理，发明了液 - 液分配层析。值得一提的是，他们提出了两点远见卓识的预言：①流动相可用气体代替液体，这样物质间的作用力减小了，对分离更有好处；②使用非常细的颗粒填料并在柱两端施加较大的压差，应能得到最小的理论塔板高（即增加了理论塔板数），从而大大提高分离效率。前者预见了气相层析的产生，1955 年第一台商用气相层析仪问世，标志着现代层析分析的建立，给挥发性化合物的分离测定带来了划时代的变革；后者预见了高效液相层析（high performance liquid chromatography，HPLC，又称高效液相色谱）的产生，其在 20 世纪 60 年代末也为人们所实现，现在 HPLC 已成为生物化学与分子生物学、化学等领域不可缺少的分离分析工具之一。因此，Martin 和 Synge 于 1952 年获得诺贝尔化学奖。如今，该法经常用于分离无色的物质，已没有颜色这个特殊的含义。但色谱法或色层分析法这个名字仍保留下来，现在简称层析法或层析技术。

一、层析技术的基本概念

层析技术中，待分离的物质在固定相与流动相这两个相中连续多次进行分配、吸附或交换作用等，最终使混合物得以分离的过程称为层析。它是一种基于被分离物质的物理、化学及生物特性差异（主要指如吸附能力、溶解度、分子大小、分子带电性质、分子亲和力等），使各组分不同程度地分布在两相中，其中一相是固定的，称为固定相，另一相则流过此固定相，称为流动相，从而使各组分以不同速度移动而达到分离的目的。

层析法的最大特点是分离效率高，它能分离各种性质极类似的物质，既可用于少量物质的分析鉴定，又可用于大量物质的分离纯化制备。因此，作为一种重要的分析、分离手段和方法，层析技术被广泛应用于科学研究与工业生产上。

（一）固定相

固定相由层析基质组成。基质包括固体物质（如吸附剂、凝胶、离子交换剂等）和液体物质（如固定在硅胶或纤维素上的溶液），这些基质能与待分离的化合物进行可逆的吸附、溶解、交换等作用。层析基质对层析效果起着关键作用。

（二）流动相

在层析过程中，推动固定相上待分离的物质朝着一个方向移动的液体、气体或超临界体等，都称为流动相。柱层析中一般称为洗脱剂，薄层层析时称为展层剂。它也是层析分离中的重要影响因素之一。

（三）分配系数和迁移率

分配系数是指在一定条件下，某组分在固定相和流动相中作用达到平衡时，该组分分配到固定相与流动相中的含量（浓度）的比值，常用 K 来表示。分配系数与被分离的物质本身及固定相和流动相的性质有关，同时受温度、压力等条件的影响。所以，不同物质在不同条件下的分配系数各不相同。当层析条件确定时，某一物质在此层析系统条件中的分配系数为一常数。分配系数是层析中分离纯化物质的主要依据，反映了被分离的物质在两相中的迁移能力及分离效能。在不同类型的色谱中，分配系数有不同概念：吸附色谱中称为吸附系数，离子交换色谱中称为交换系数，凝胶色谱中称为渗透参数。

$$K = \frac{\text{固定相中物质的浓度}}{\text{流动相中物质的浓度}}$$

迁移率是指在一定条件下，相同时间内，某一组分在固定相移动的距离与在流动相移动的距离的比值，常用 R_f 来表示，$R_f \leq 1$。

$$R_f = \frac{\text{组分在固定相移动的距离}}{\text{组分在流动相移动的距离}}$$

R_f 值取决于被分离物质在两相间的分配系数及两相体积比。在同一实验条件下，两相体积比是一常数，所以 R_f 值取决于分配系数。不同物质的分配系数是不同的，R_f 值也不相同。可以看出，K 值越大，则该物质越趋向于分配到固定相中，R_f 值就越小；反之，K 值越小，则该物质越趋向于分配到流动相中，R_f 值就越大。分配系数或 R_f 值的差异程度是几种物质采用层析方法能否分离的先决条件。差异越大，分离效果越理想。

（四）分辨率

分辨率是指两个相邻峰的分开程度，用 R_s 表示。

$$R_s = \frac{V_2 - V_1}{\frac{W_1 + W_2}{2}} = \frac{2Y}{W_1 + W_2}$$

式中，V_1 为组分 1 从进样点到对应洗脱峰之间的洗脱液体积；V_2 为组分 2 从进样点到对应洗脱峰之间的洗脱液体积；W_1 为组分 1 的洗脱峰宽度；W_2 为组分 2 的洗脱峰宽度；Y 为组分 1 和组分 2 洗脱峰处洗脱液体积之差。

两个峰尖之间距离越大，分辨率越高；两峰宽度越大，分辨率越低。R_s 值越大表示两峰分得越开，两组分分离得越好。当 $R_s \leq 0.5$ 时，两峰部分重叠，两组分不完全分离；当 $R_s = 1$ 时，两组分分离得较好，互相沾染约 2%，即两种组分的纯度约为 98%；当 $R_s = 1.5$ 时，两峰完全分开，称为基线分离，两组分基本完全分离，两种组分的纯度达到 99.8%。

影响分辨率的因素是多方面的，被分离物质本身的理化性质、固定相和流动相的性质以及洗脱流速、进样量等因素都会影响层析分辨率，操作时应当根据实际情况综合考虑，特别是对于生物大分子，还必须考虑其稳定性和活性等问题；还有诸如 pH、温度等条件都会对分辨率产生较大的影响。

（五）操作容量（交换容量）

在一定条件下，某种组分与基质（固定相）反应达到平衡时，存在于基质上的饱和容量，称为操作容量或交换容量。它的单位是 mmoL/g（mg/g）或 mmoL/mL（mg/mL），数值越大，表明基质对该物质的亲和力越强。应当注意，同一种基质对不同种类分子的操作容量是不相同的，这主要受分子大小（空间效应）、带电荷的多少、溶剂的性质等多种因素的影响。因此，在实际操作时，加入的样品量要控制在一定范围内，尽量少些，尤其是生物大分子，否则用层析方法不能得到有效的分离。

（六）外水体积、内水体积、柱床体积和洗脱体积

外水体积（V_0）是指层析柱中基质颗粒周围空间的体积，也就是基质颗粒间液体流动相的体积。

内水体积（V_i）是指层析柱中所有基质颗粒中孔穴体积的总和。

柱床体积（V_t）是指层析柱中溶胀后的基质在层析柱中所占有的体积，是基质在外水体积和内水体积的总和（$V_t=V_0+V_i$）。

洗脱体积（V_e）是指将样品中某一组分洗脱下来所需洗脱液的体积，也就是说将样品中某一组分从柱顶部洗脱到底部的洗脱液中，该组分浓度达到最大值时所需洗脱液的体积。

（七）排阻极限

排阻极限是指不能进入凝胶颗粒孔穴内部的最小分子的相对分子质量。例如，Sephadex G-50 的排阻极限为 30 000，表示相对分子质量大于 30 000 的分子都将直接从凝胶颗粒与凝胶颗粒之间的空隙中被洗脱出来。

（八）膨胀度

在一定溶液中，单位质量的基质充分溶胀后所占的体积称为膨胀度，即 1g 基质溶胀后所具有的柱床体积。一般亲水性基质的膨胀度比疏水性的大。

二、层析技术的分类

层析技术的种类很多，可按不同的方法分类。

（一）按固定相的形式分类

按固定相的形式不同，层析可分为纸层析、薄层层析和柱层析。

纸层析：用滤纸做液体的载体，点样后，用流动相展开，以达到分离鉴定的目的。

薄层层析：将基质在玻璃或塑料等光滑表面铺成一薄层，在薄层上进行物质的分离和鉴定。

柱层析：将基质填装在管中形成柱状，在柱中进行层析。

纸层析和薄层层析主要适用于小分子物质的快速检测分析和少量分离制备，通常为一次性使用，而柱层析是常用的层析形式，适用于样品分析、分离。生物化学中常用的凝胶层析、离子交换层析、亲和层析、高效液相色谱等通常都是采用柱层析形式。

（二）按层析的机制分类

按层析的机制不同，层析可分为吸附层析、分配层析、离子交换层析、凝胶层析、亲和层析等。

吸附层析：利用吸附剂表面对不同组分吸附性能的差异进行分离。

分配层析：利用不同组分在流动相和固定相之间的分配系数不同，使之分离。

离子交换层析：利用不同组分对离子交换剂亲和力的不同，使之分离。

凝胶层析：利用某些凝胶对不同分子大小的组分阻滞作用的不同，使之分离。

亲和层析：利用固定相载体表面偶联的具有特殊亲和力的配基对流动相中的溶质分子发生可逆的特异性结合作用进行分离。

（三）按流动相的形式分类

按流动相的形式不同，层析可划分为气相层析和液相层析。

气相层析：流动相为液体的层析，测定样品时需要气化，这大大限制了其在生物化学领域中的应用，主要用于氨基酸、核苷酸、糖类和脂肪酸等小分子物质的鉴定。

液相层析：生物科学研究领域中最常用的层析形式，适用于生物样品的分析、分离。

以上划分无严格界限，有些名称相互交叉，如亲和层析应属于一种特殊的吸附层析，纸层析是一种分配层析，柱层析可做各种层析。

三、几种常用的层析方法

（一）柱层析

柱层析技术也称柱色谱技术。一根柱子里先填充不溶性基质形成固定相，将蛋白质混合样品加到柱子上后用特别的溶剂洗脱，溶剂组成流动相。在样品从柱子上洗脱下来的过程中，根据蛋白质混合物中各组分在固定相和流动相中的分配系数不同经过多次反复分配，将不同蛋白质组分逐一分离。

1. 柱层析的基本装置

柱层析的基本装置包括层析柱、恒流装置、检测装置与接收装置等。

（1）层析柱：一般为玻璃管制成，其下端为细口，出口处带有玻璃烧结板或尼龙网。柱的直径和长度之比一般为 1 :（10～50）。

（2）恒流装置：常用的恒流装置是恒流泵，它可以产生均一的流速，并且流速是可调的。

（3）检测装置：较高级的柱层析装置一般都配置检测器（常见的检测器为核酸蛋白质检测仪）和记录仪。

（4）接收装置：洗脱液的接收可以手工用试管一管一管接，不过最好使用分部收集器，这种仪器带有上百支试管，可准确定时换管，自动化程度很高。

柱层析的基本装置示意图如图 6-1 所示。目前，柱层析分离的操作方式主要包括常压分离、减压分离和加压分离 3 种模式。常压分离的分离模式方便、简单，但是洗脱时间长。减压分离尽管能节省填料的使用量，但是由于大量的空气通过填料会使溶剂挥发，并且有时在柱外面会有水汽凝结，有些易分解的化合物也难以得到，而且还必须同时使用水泵或真空泵抽气。加压分离可以加快洗脱剂的流动速度，缩短样品的洗脱时间，是一种比较好的方法，与常压柱类似，只不过外加压力使洗脱液更快洗脱。压力的提供可以是压缩空气、双连球或者小气泵等。

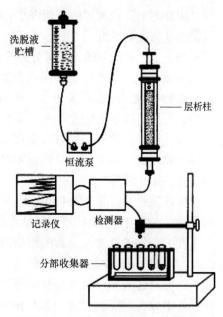

图 6-1 柱层析的基本装置示意图

2. 柱层析的基本操作

柱层析的操作过程包括以下步骤。

（1）基质的预处理：有些层析方法所用的基质不能直接使用，需要进行预处理。预处理方法因基质而异，如离子交换剂需漂洗、酸碱反复浸泡等，凝胶则需预先溶胀等，各种基质的预处理方法有所不同。

（2）装柱：首先要选择好层析柱。层析柱的选择是根据层析的基质和分离的目的而定的。一般层析柱的直径与长度比为 1:（10～50），凝胶层析柱可以选 1:（100～200），注意一定要将层析柱洗涤干净再装柱。

将层析用的基质（如吸附剂、树脂、凝胶等）在适当的溶剂或缓冲液中溶胀，并用适当浓度的酸（0.5～1mol/L）、碱（0.5～1mol/L）、盐（0.5～1mol/L）溶液洗涤处理，以除去其表面可能吸附的杂质，然后用去离子水（或蒸馏水）洗涤干净并真空抽气，以除去内部的气泡。

关闭层析柱出水口，装入 1/3 柱高的缓冲液，并将处理好的吸附剂等基质缓慢地倒入柱中，使其沉降约 3cm 高。打开出水口，控制适当流速，使吸附剂等基质均匀沉降，并不断加入吸附剂等基质溶液，最后使柱中基质表面平坦并在表面留有 2～3cm 高的缓冲液，同时关闭出水口。这里要特别提示不能干柱、分层，并且柱中不能有气泡，否则必须重新装柱。

层析柱装的质量好与差，是柱层析法能否成功分离纯化物质的关键之一。一般要求装柱要装得均匀，不能分层，柱中不能有气泡。

（3）平衡：层析柱装好后，要用所需的缓冲液（有一定的 pH 和离子强度）平衡层析柱，即用恒流泵在恒定压力、恒定的流速下过层析柱（平衡与洗脱时的流速尽可能保持相同），平衡液体积一般为 3～5 倍柱床体积。如果需要，如凝胶层析可用蓝色葡聚糖 2000 在恒压下过柱，如色带均匀下降，则说明层析柱是均匀的。有时层析柱平衡好后，还要进行转型处理。

（4）加样：加样量的多少直接影响分离的效果。一般来讲，加样量应尽量少些，分离效果比较好。通常加样量应少于 20% 的操作容量，体积应低于 5% 的柱床体积，对于分析性柱层析，一般不超过柱床体积的 1%。当然，最大加样量必须在具体实验条件下多次试验后才能确定。

应注意的是，加样时应缓慢小心地将样品溶液加到固定相表面，尽量避免冲击基质，以保持基质表面平坦。

（5）洗脱：洗脱的方式可分为简单洗脱、分步洗脱和梯度洗脱3种。

简单洗脱：层析柱始终用同样的一种溶剂洗脱，直到层析分离过程结束为止。如果被分离物质对固定相的亲和力差异不大，其区带的洗脱时间间隔（或洗脱体积间隔）也不长，采用这种方法是适宜的，但选择的溶剂必须很合适方能使各组分得以分离。

分步洗脱：这种洗脱方式是用几种洗脱能力递增的洗脱液进行逐级洗脱，主要适用于混合物组成简单、各组分性质差异较大或需快速分离时，每次用一种洗脱液将其中一种组分快速洗脱下来。

梯度洗脱：当混合物中组分复杂且性质差异较小时，一般采用梯度洗脱。它的洗脱能力是逐步连续增加的，梯度可以是浓度梯度、极性梯度、离子强度梯度或pH梯度等。

洗脱条件的选择也是影响层析效果的重要因素。当对所分离的混合物的性质了解较少时，一般先采用线性梯度洗脱的方式去尝试，但梯度的斜率要小一些，尽管洗脱时间较长，但对性质相近的组分分离更为有利。与此同时，也应注意洗脱时的速率。速率太快，各组分在固定相与流动相两相中平衡时间短，相互分不开，仍以混合组分流出；速率太慢，将增大物质的扩散，同样达不到理想的分离效果，要通过多次试验才能摸索出一个合适的流速。总之，必须经过反复的试验与调整，才能得到最佳的洗脱条件。另外，还应特别注意在整个洗脱过程中千万不能干柱，否则分离纯化将会前功尽弃。

（6）收集、鉴定及保存：在柱层析实验中，一般是采用分部收集器来收集分离纯化的样品。由于检测系统分辨率有限，洗脱峰不一定能代表一个纯净的组分。因此，每管的收集量不能太多，一般1～5mL/管，如果分离的物质性质很相近，可降低至0.5mL/管，这要视具体情况而定。在合并一个峰的各管溶液之前，还要进行鉴定。例如，对于一个蛋白质峰的各管溶液，可先用电泳法对各管进行鉴定，对于是单条带的，认为已达电泳纯度，就合并在一起，否则就另行处理。对于不同种类的物质要采用不同的鉴定方法。最后，为了保持所得产品的稳定性与生物活性，一般采用透析除盐、超滤或减压薄膜浓缩等处理，再冷冻干燥，得到干粉，在低温下保存备用。

（7）基质（吸附剂、离子交换剂或凝胶等）的再生：许多基质可以反复使用多次，由于价格昂贵，层析后要回收处理，以备再用，严禁乱倒乱扔，这是一个科研工作者的科学作风问题。各种基质的再生方法可参阅具体层析实验及有关文献。

（二）离子交换层析

离子交换层析（ion exchange chromatography，IEC）是以离子交换剂为固定相，依据流动相中的组分离子与交换剂上的平衡离子进行可逆交换时的结合力大小的差别而进行分离的一种层析方法。1848年，Thompson等在研究土壤碱性物质交换过程中发现离子交换现象。20世纪40年代，出现了具有稳定交换特性的聚苯乙烯离子交换树脂；50年代，离子交换层析进入生物化学领域，应用于氨基酸的分析。目前离子交换层析仍是生物化学领域中常用的一种层析方法，广泛应用于各种生化物质如氨基酸、蛋白质、糖类、核苷酸等的分离纯化。

1. 离子交换层析的基本原理

在pH 7.0时，20种组成蛋白质的氨基酸中，天冬氨酸（Asp）和谷氨酸（Glu）的酸性侧链基团带负电荷，而赖氨酸（Lys）、精氨酸（Arg）和组氨酸（His）的碱性侧链基团带正电荷。因此，蛋白质分子中既有正电荷，也有负电荷，蛋白质所带电荷主要取决于这些氨基酸残基的相对数量以及蛋白质溶液的 pH。蛋白质分子所带净电荷为零时称为等电点（pI），pH 高于等电点时，蛋白质分子带负的净电荷；pH 低于等电点时，蛋白质分子带正的净电荷。

离子交换层析是依据各种离子或离子化合物与离子交换剂的结合力不同而进行分离纯化的。离子交换层析的固定相是离子交换剂，它是由一类不溶于水的惰性高分子聚合物基质通过一定的化学反应共价结合上某种电荷基团形成的。离子交换剂可以分为 3 部分：高分子聚合物基质、电荷基团和平衡离子。电荷基团与高分子聚合物共价结合，形成一个带电荷的可进行离子交换的基团。平衡离子是结合于电荷基团上的相反离子，它能与溶液中其他的离子基团发生可逆的交换反应。平衡离子带正电荷的离子交换剂能与带正电荷的离子基团发生交换作用，称为阳离子交换剂；平衡离子带负电荷的离子交换剂能与带负电荷的离子基团发生交换作用，称为阴离子交换剂。离子交换反应表示如下。

阳离子交换反应：$(R-X^-)Y^+ + A^+ \Longleftrightarrow (R-X^-)A^+ + Y^+$

阴离子交换反应：$(R-X^+)Y^- + A^- \Longleftrightarrow (R-X^+)A^- + Y^-$

其中，R 代表离子交换剂的高分子聚合物基质，X^- 和 X^+ 分别代表阳离子交换剂和阴离子交换剂中与高分子聚合物共价结合的电荷基团，Y^+ 和 Y^- 分别代表阳离子交换剂和阴离子交换剂的平衡离子，A^+ 和 A^- 分别代表溶液中的离子基团。

从上面的反应式中可以看出，如果 A 离子与离子交换剂的结合力强于 Y 离子，或者提高 A 离子的浓度，或者通过改变其他一些条件，可以使 A 离子将 Y 离子从离子交换剂上置换出来；也就是说，在一定条件下，溶液中的某种离子基团可以把平衡离子置换出来，并通过电荷基团结合到固定相上，而平衡离子则进入流动相，这就是离子交换层析的基本置换反应。通过在不同条件下的多次置换反应，就可以对溶液中不同的离子基团进行分离。

以阴离子交换层析为例，阴离子交换剂的电荷基团带正电，装柱平衡后，与缓冲液中的带负电荷的平衡离子结合。待分离溶液中可能有正电荷基团、负电荷基团和中性基团。加样后，负电荷基团可以与平衡离子进行可逆的置换反应而结合到离子交换剂上，而正电荷基团和中性基团则不能与离子交换剂结合，随流动相流出而被去除。选择合适的洗脱方式和洗脱液，如增加离子强度的梯度洗脱可以洗脱目的蛋白质。随着洗脱离子强度的增加，洗脱液中的离子可以逐步与结合在离子交换剂上的各种负电荷基团进行交换，而将各种负电荷基团置换出来，随洗脱液流出。与离子交换剂结合力弱的负电荷基团先被置换出来，而与离子交换剂结合力强的需要较高的离子强度才能被置换出来，各种主要负电荷基团就会按其与离子交换剂结合力从小到大的顺序逐步被洗脱下来，从而达到分离目的。

2. 离子交换剂的选择、处理和保存

（1）离子交换剂的选择：离子交换剂的种类很多，离子交换层析要取得较好的效果，选择合适的离子交换剂是非常重要的。

首先，是对离子交换剂电荷基团的选择，确定是选择阳离子交换剂还是选择阴离子交换剂。这要取决于被分离的物质在其稳定的 pH 下所带的电荷，如果带正电荷，则选择阳离子交换剂；如果带负电荷，则选择阴离子交换剂。例如，待分离的蛋白质等电点为 4，稳定的 pH 范围为 6～9，由于这时蛋白质带负电荷，故应选择阴离子交换剂进行分离。强酸或强碱型离子交换剂适用的 pH 范围广，常用于分离一些小分子物质或在极端

pH 下的分离。由于弱酸型或弱碱型离子交换剂不易使蛋白质失活，故一般分离蛋白质等大分子物质常用弱酸型或弱碱型离子交换剂。

其次，是对离子交换剂基质的选择。聚苯乙烯离子交换剂等疏水性较强的离子交换剂常用于分离小分子物质，如无机离子、氨基酸、核苷酸等；而纤维素、葡聚糖、琼脂糖等离子交换剂亲水性较强，适合于分离蛋白质等大分子物质。一般纤维素离子交换剂价格较低，但分辨率和稳定性都较低，适于初步分离和大量制备。葡聚糖离子交换剂的分辨率和价格适中，但受外界影响较大，体积可能随离子强度和 pH 变化有较大改变，影响分辨率。琼脂糖离子交换剂机械稳定性较好，分辨率也较高，但价格较贵。

另外，离子交换剂颗粒大小也会影响分离的效果。离子交换剂颗粒一般呈球形，颗粒的大小通常以目数（mesh）或者颗粒直径（μm）来表示，目数越大表示直径越小。另外，离子交换层析柱的分辨率和流速也都与所用的离子交换剂颗粒大小有关。一般来说，颗粒小，分辨率高，但平衡离子的平衡时间长，流速慢；颗粒大则相反。所以大颗粒的离子交换剂适合于对分辨率要求不高的大规模制备性分离，而小颗粒的离子交换剂适于需要高分辨率的分析或分离。

离子交换纤维素目前种类很多，其中以 DEAE- 纤维素（二乙基氨基纤维素）和 CM- 纤维素（羧甲基纤维素）最常用，它们在生物大分子物质（蛋白质、核酸等）的分离方面显示很大的优越性：①具有开放性长链和松散的网状结构，有较大的表面积，大分子可自由通过，使其实际交换容量要比离子交换树脂大得多；②具有亲水性，对蛋白质等生物大分子物质吸附得不太牢，用较温和的洗脱条件就可达到分离的目的，因此不致引起生物大分子物质的变性和失活；③回收率高。所以离子交换纤维素已成为非常重要的一类离子交换剂。

（2）离子交换剂的处理和保存：离子交换剂使用前一般要进行处理。干粉状的离子交换剂首先要进行膨化，将干粉在水中充分溶胀，以使离子交换剂颗粒的孔隙增大，具有交换活性的电荷基团充分暴露出来，而后用水悬浮去除杂质和细小颗粒，再用酸、碱分别浸泡，每一种试剂处理后要用水洗至中性，再用另一种试剂处理，最后用水洗至中性，这是为了进一步去除杂质，并使离子交换剂带上需要的平衡离子。

离子交换剂保存时应首先处理，洗净蛋白质等杂质，并加入适当的防腐剂，一般加入 0.02%（质量分数）的叠氮钠，4℃保存。

3. 离子交换层析的基本操作

离子交换层析的基本装置和操作步骤与前面介绍的柱层析类似，不再赘述，下面主要介绍离子交换层析操作中应注意的一些具体问题。

（1）层析柱：离子交换层析要根据分离的样品量选择合适的层析柱，离子交换用的层析柱一般粗而短，不宜过长。直径和柱长比一般为 1：（10～50），层析柱安装要垂直。装柱时要均匀平整，不能有气泡。

（2）平衡缓冲液：离子交换层析的基本反应过程，就是离子交换剂平衡离子与待分离物质、缓冲液中离子间的交换，所以在离子交换层析中平衡缓冲液和洗脱缓冲液的离子强度和 pH 的选择对于分离效果有很大的影响。

平衡缓冲液是指装柱后及上样后用于平衡离子交换柱的缓冲液。平衡缓冲液的离子强度和 pH 的选择首先要保证各个待分离物质（如蛋白质）的稳定；其次使各个待分离物质与离子交换剂适当结合。一般是使待分离样品与离子交换剂有较稳定的结合，而尽量使杂质不与离子交换剂结合或结合不稳定。在一些情况下（如污水处理）可以使杂质与离子交换剂有牢固的结合，而样品与离子交换剂结合不稳定，也可以达到分离的目的。另外，注意平衡缓冲液中不能有与离子交换剂结合力强的离子，否则会大大降低交换容量，影响分离效果。选择合适的平衡缓冲液，直接就可以去除大量的杂质，并使得后面的洗脱有很好的效果。如果平衡缓冲液选择不合适，可能会对后面的洗脱带来困难，无法得到好的分离效果。

（3）上样：离子交换层析上样时应注意样品液的离子强度和 pH，上样量也不宜过大，一般以柱床体积的 1%～5% 为宜，以使样品能吸附在层析柱的上层，得到较好的分离效果。

（4）洗脱液：在离子交换层析中常用梯度洗脱，通常有改变离子强度和改变 pH 两种方式。改变离子强度通常是在洗脱过程中逐步增大离子强度，从而使与离子交换剂结合的各个组分被洗脱下来；而改变 pH 的洗脱，对于阳离子交换剂一般是 pH 从低到高洗脱，阴离子交换剂一般是 pH 从高到低。由于 pH 可能对蛋白质的稳定性有较大的影响，故一般通常采用改变离子强度的梯度洗脱。梯度洗脱有线性梯度、凹形梯度、凸形梯度以及分级梯度等洗脱方式。一般线性梯度洗脱分离效果较好，故通常采用线性梯度进行洗脱。

洗脱液的选择首先也是要保证在整个洗脱液梯度范围内，所有待分离组分都是稳定的。其次是要使结合在离子交换剂上的所有待分离组分在洗脱液梯度范围内都能够被洗脱下来。另外，可以使梯度范围尽量小一些，以提高分辨率。

（5）洗脱速度：洗脱液的流速也会影响离子交换层析分离效果，洗脱速度通常要保持恒定。一般来说，洗脱速度慢比快的分辨率要好，但洗脱速度过慢会造成分离时间长、样品扩散、谱峰变宽、分辨率降低等副作用，所以要根据实际情况选择合适的洗脱速度。如果洗脱峰相对集中在某个区域造成重叠，则应适当缩小梯度范围或降低洗脱速度来提高分辨率；如果分辨率较好，但洗脱峰过宽，则可适当提高洗脱速度。

（6）样品的浓缩、脱盐：离子交换层析得到的样品往往盐的质量分数较高，而且体积较大，样品质量分数较低。所以一般离子交换层析得到的样品要进行浓缩、脱盐处理。

（7）清洗与消毒：如果选用的柱在多次使用后分离效果下降，则需对其进行清洗和消毒。可选用的试剂包括：25% 乙酸溶液、8mol/L 脲溶液、1% TritonX-100 溶液、6mol/L 硫氰酸钾溶液、70% 乙醇溶液、30% 异丙醇溶液、1mol/L 盐酸、1mol/L NaOH 溶液、6mol/L 盐酸胍溶液等。常按以下步骤清洗。

A. 用 2～4 倍柱床体积的 1mol/L NaOH 溶液清洗，接触试剂至少 40min。

B. 用 2～4 倍柱床体积的 0.5～2mol/L NaCl 溶液（在 50～100mmol/L 缓冲体系中）清洗，重新平衡柱。

C. 用 20%～50% 乙醇溶液清洗以除去脂类物质。

4. 离子交换层析的应用

离子交换层析的应用范围很广，主要有以下几个方面。

（1）水处理：离子交换层析是一种简单而有效的去除水中的杂质及各种离子的方法，聚苯乙烯树脂广泛地应用于高纯水的制备、硬水软化以及污水处理等。纯水的制备可以用蒸馏方法，但要消耗大量的能源，而且制备量小、速度慢，也得不到高纯度。用离子交换层析方法可以大量、快速制备高纯水。一般是将水依次通过 H^+ 型强阳离子交换剂，去除各种阳离子及与阳离子交换剂吸附的杂质；再通过 OH^- 型强阴离子交换剂，去除各种阴离子及与阴离子交换剂吸附的杂质，即可得到纯水。再通过弱阳离子和阴离子交换剂进一步纯化，就可以得到纯度较高的纯水。离子交换剂使用一段时间后可以通过再生处理重复使用。

（2）分离纯化小分子物质：离子交换层析也广泛应用于无机离子、有机酸、核苷酸、氨基酸、抗生素等小分子物质的分离纯化。例如，对氨基酸的分析，使用强酸性阳离子聚苯乙烯树脂，将氨基酸混合液在 pH 2～3 条件下上柱，这时氨基酸都结合在树脂上，再逐步提高洗脱液的离子强度和 pH，这样各种氨基酸将以不同的速度被洗脱下来，可以进行分离鉴定。目前已有全自动的氨基酸分析仪。

（3）分离纯化生物大分子物质：离子交换层析是依据物质带电性质的不同来进行分离纯化的，是分离纯化蛋白质等生物大分子的一种重要手段。由于生物样品中蛋白质的复杂性，一般很难只经过一次离子交换层析就达到高纯度，往往要与其他分离方法配合使用。使用离子交换层析分离样品要充分利用其按带电性质来分离的特性，只要选择合适的条件，通过离子交换层析就可以得到较满意的分离效果。

（三）凝胶层析

凝胶层析（gel chromatography）也叫凝胶排阻层析、凝胶过滤（gel filtration）层析，是以多孔性凝胶填料为固定相，按分子大小顺序分离样品中各个组分的液相层析方法。1959 年，Porath 和 Flodin 首次用一种多孔聚合物——交联葡聚糖凝胶作为柱填料，分离水溶液中不同相对分子质量的样品，称为凝胶过滤。1964 年，Moore 制备了具有不同孔径的交联聚苯乙烯凝胶，能够进行有机溶剂中的组分分离，称为凝胶渗透层析（流动相为有机溶剂的凝胶层析一般称为凝胶渗透层析）。随后，这一技术得到不断的发展和完善，目前广泛应用于生物化学、高分子化学等很多领域。

凝胶层析是生物化学中一种常用的分离手段，它具有设备简单、操作方便、样品回收率高、实验重复性好，特别是不改变生物学样品的生物活性等优点，因此广泛用于蛋白质、酶、核酸、多糖等生物分子的分离纯化，同时还应用于蛋白质分子质量的测定、脱盐和样品浓缩。

1. 凝胶层析的基本原理

凝胶层析是依据分子大小这一物理性质进行分离纯化的，层析过程如图 6-2 所示。凝胶层析的固定相是惰性的珠状凝胶颗粒，凝胶颗粒的内部具有立体网状结构，形成很多孔穴。当含有不同分子大小的组分的样品进入凝胶层析柱后，各个组分就向固定相的孔穴内扩散，组分的扩散程度取决于孔穴的大小和组分分子大小。比孔穴孔径大的分子不能扩散到孔穴内部，完全被排阻在孔外，只能在凝胶颗粒外的空间随流动相向下流动，它们经历的流程短，流动速度快，所以首先流出；而较小的分子则可以完全渗透进入凝胶颗粒内部，经历的流程长，流动速度慢，所以最后流出；而分子大小介于两者之间的分子在流动中部分渗透，渗透的程度取决于它们分子的大小，所以它们流出的时间介于两者之间，分子越大的组分越早流出，分子越小的组分越晚流出。这样，样品经过凝胶

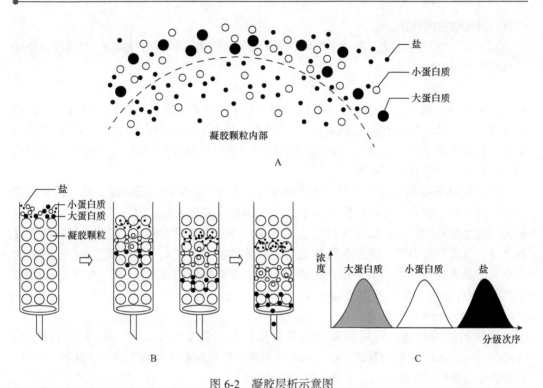

图 6-2　凝胶层析示意图

A. 图解表示凝胶颗粒表面有给定大小范围的网孔；B. 层析过程中不同大小分子逐步分离；C. 分级分离结果

层析后，各个组分便按分子大小的顺序依次流出，从而达到了分离的目的。

可作为凝胶过滤的介质很多，如交联葡聚糖（商品名 Sephadex）、交联琼脂糖（商品名 Sepharose）、聚丙烯酰胺凝胶等。下面以交联葡聚糖为例说明凝胶层析的基本原理。

交联葡聚糖是细菌葡聚糖用交联剂——环氧氯丙烷交联而成的具有三维空间的网状结构物。在合成凝胶时，如控制葡聚糖和交联剂的配比，即可以获得具有不同孔径范围的葡聚糖凝胶。交联葡聚糖凝胶含有大量的羟基，极性强，易吸水，使用前必须用水溶液进行充分的溶胀处理。交联度越大（Sephadex 系列凝胶的 G 值小），孔径越小，吸水量也就越小。

将经过充分溶胀处理的凝胶装柱，再将含有不同相对分子质量溶质的样品液上柱，并用同一溶剂洗脱展开，就可实现各溶质的分离。如上所述，凝胶层析是根据凝胶介质对相对分子质量不同的溶质分子产生的不同排阻作用而达到分离目的的。凝胶对溶质的排阻程度可用分配系数 K_{av} 表示：

$$K_{av} = \frac{V_e - V_0}{V_t - V_0}$$

式中，V_t 为凝胶层析柱的总体积；V_0 为柱的空隙体积或外水体积；V_e 为溶质的洗脱体积。V_t 和 V_0 都是可以测定的，所以测定了某个组分 V_e 就可以得到这个组分分配系数。在一定的层析条件下 V_t 和 V_0 的值都是恒定的，大分子先被洗脱出来，V_e 值小，K_{av} 值也小；而小分子后被洗脱出来，V_e 值大，K_{av} 值也大。对于完全排阻的大分子，$V_e = V_0$，$K_{av} = 0$；而对于完全渗透的大分子，$V_e = V_t$，$K_{av} = 1$。一般 K_{av} 值为 $0 \sim 1$，如 $K_{av} > 1$，则表示这种物质与凝胶有吸附作用。

对于某一型号的凝胶，在一定的相对分子质量范围内，各个组分的 K_{av} 与其相对分子质量的对数呈线性关系。

$$K_{av} = -b\lg M_r + c$$

式中，b、c 为常数。我们通过将一些已知相对分子质量的标准物质在同一凝胶柱上以相同条件进行洗脱，分别测定 V_e 或 K_{av}，并根据上述线性关系绘出标准曲线，然后在相同的条件下测定未知物的 V_e 或 K_{av}，通过标准曲线即可求出其相对分子质量，这就是凝胶层析测定相对分子质量的基本原理。

V_e 的值随溶质相对分子质量的变化而变化。小分子物质能够进入凝胶的大部分空隙中，因此分配系数大，洗脱体积 V_e 大；大分子溶质仅能进入凝胶内的部分尺寸较大的空隙，因此分配系数较小，洗脱体积 V_e 也小；相对分子质量很大的溶质可完全被排阻在凝胶之外，分配系数为零，洗脱体积 V_e 就等于空隙体积 V_0。完全不能扩散进入凝胶内部的最小分子的相对分子质量称为凝胶的排阻极限。不同凝胶的排阻极限不同，Sephadex G 系列凝胶中，G 值越大，排阻极限越大。

2. 凝胶的种类和性质

凝胶的种类很多，常用的凝胶主要有葡聚糖凝胶（sephadex）、聚丙烯酰胺凝胶（polyacrylamide）、琼脂糖凝胶（agarose）以及聚丙烯酰胺和琼脂糖之间的交联物。另外，还有多孔玻璃珠、多孔硅胶、聚苯乙烯凝胶等。

（1）葡聚糖凝胶：葡聚糖凝胶是指由天然高分子——葡聚糖与其他交联剂交联而成的凝胶。常见的葡聚糖凝胶有两大类，商品名分别为 Sephadex 和 Sephacryl。

葡聚糖凝胶中最常见的是 Sephadex 系列，它是葡聚糖（dextran）与 3- 氯 -1,2 环氧丙烷（交联剂）相互交联而成，交联度由环氧氯丙烷的百分比控制。Sephadex 的主要型号是 G-10～G-200，后面的数字是凝胶的吸水率（单位是 mL/g 干胶）乘以 10。如 Sephadex G-50，表示吸水率为 5mL/g 干胶。Sephadex 的亲水性很好，在水中极易膨胀，不同型号的 Sephadex 的吸水率不同，它们的孔穴大小和分离范围也不同，数字越大的，排阻极限越大，分离范围也越大。Sephadex 中排阻极限最大的 G-200 为 6×10^5。

Sephadex 在水溶液、盐溶液、碱溶液、弱酸溶液以及有机溶液中都比较稳定，可以多次重复使用。Sephadex 稳定工作的 pH 一般为 2～10。强酸溶液和氧化剂会使交联的糖苷键水解断裂，所以要避免 Sephadex 与强酸和氧化剂接触。Sephadex 在高温下稳定，可以煮沸消毒，在 100℃下 40min 对凝胶的结构和性能都没有明显的影响。Sephadex 由于含有羟基基团，故呈弱酸性，这使得它有可能与分离物中的一些带电荷基团（尤其是碱性蛋白质）发生吸附作用，但一般在离子强度＞0.05 的条件下，几乎没有吸附作用。所以在用 Sephadex 进行凝胶层析实验时常使用一定浓度的盐溶液作为洗脱液，这样就可以避免 Sephadex 与蛋白质发生吸附，但应注意如果盐浓度过高，会引起凝胶柱床体积发生较大的变化。Sephadex 有各种颗粒大小（一般有粗、中、细、超细）可以选择，一般粗颗粒流速快，但分辨率较差；细颗粒流速慢，但分辨率高，要根据分离要求来选择颗粒大小。Sephadex 的机械稳定性相对较差，它不耐压，分辨率高的细颗粒要求流速较慢，所以不能实现快速而高效的分离。

另外，Sephadex G-25 和 Sephadex G-50 中分别加入羟丙基基团反应，形成 LH 型烷基化葡聚糖凝胶，主要型号为 Sephadex LH-20 和 Sephadex LH-60，适用于以有机溶剂为流动相的凝胶渗透层析（gel permeation chromatography），分离脂溶性物质，如胆固醇、脂肪酸激素等。

Sephacryl 是葡聚糖与 N, N'-亚甲基双丙烯酰胺（N', N'-methylene-bisacrylamide）交联而成，优点就是它的分离范围很大，排阻极限甚至可以达到 10^8，远远大于 Sephadex 的范围。所以它不仅可以用于分离一般蛋白质，也可以用于分离蛋白多糖、质粒，甚至较大的病毒颗粒。Sephacryl 与 Sephadex 相比，另一个优点就是它的化学和机械稳定性更高：Sephacryl 耐高温，在各种溶剂中很少发生溶解或降解，可以用各种去污剂、胍、脲等作为洗脱液，Sephacryl 稳定工作的 pH 一般为 3～11。另外，Sephacryl 的机械性能较好，能以较高的流速洗脱，比较耐压，分辨率也较高，所以 Sephacryl 相比 Sephadex 来说，可以实现相对比较快速而且较高分辨率的分离。

（2）聚丙烯酰胺凝胶：聚丙烯酰胺凝胶是丙烯酰胺（acrylamide）与 N, N'-亚甲基双丙烯酰胺交联而成。改变丙烯酰胺的浓度，就可以得到不同交联度的产物。聚丙烯酰胺凝胶商品名为 Bio-Gel P，主要型号有 Bio-Gel P-2、Bio-Gel P-300 等 10 种，后面的数字代表它们的排阻极限的 10^{-3}，所以数字越大，可分离的分子质量也就越大，各种型号的主要参数可见附录 4。聚丙烯酰胺凝胶的分离范围、吸水率等性能基本近似于 Sephadex。聚丙烯酰胺凝胶在水溶液、一般的有机溶液、盐溶液中都比较稳定。聚丙烯酰胺凝胶在酸中的稳定性较好，在 pH 为 1～10 时比较稳定。聚丙烯酰胺凝胶非常亲水，基本不带电荷，所以吸附效应较小。另外，聚丙烯酰胺凝胶不会像葡聚糖凝胶和琼脂糖凝胶那样可能生长微生物，但对芳香族、酸性、碱性化合物可能略有吸附作用，使用离子强度略高的洗脱液就可以避免。

（3）琼脂糖凝胶：琼脂糖是由 D-半乳糖（D-galactose）和 3,6-脱水半乳糖（anhydrogalactose）交替构成的多糖链。它在 100℃时呈液态，当温度降至低于 45℃时，多糖链以氢键方式相互连接形成双链单环的琼脂糖，经凝聚即成为束状的琼脂糖凝胶。琼脂糖凝胶的商品名因生产厂家不同而异，常见的有 Sepharose（2B～4B）和 Bio-gel A 等。关于各种琼脂糖凝胶的基本参数可见附录 4。琼脂糖凝胶在 pH 为 4～9 时是稳定的，它在室温下很稳定，机械强度和孔穴的稳定性都很好，超过一般的葡聚糖凝胶和聚丙烯酰胺凝胶。琼脂糖凝胶对样品的吸附作用很小，在高盐浓度下，柱床体积一般不会发生明显变化，使用琼脂糖凝胶时洗脱速度可以比较快。琼脂糖凝胶的排阻极限很大，分离范围很广，适合于分离大分子物质，但分辨率较低。琼脂糖凝胶不耐高温，使用温度以 0～30℃为宜。

Sepharose 与 2,3-二溴丙醇反应，形成 Sepharose CL 型凝胶（CL-2B～CL-4B），它们的分离特性基本没有改变，但热稳定性和化学稳定性都有所提高，可以在更广泛的 pH 范围内应用，稳定工作的 pH 为 3～13。Sepharose CL 型凝胶还特别适合于含有有机溶剂的分离。

（4）聚丙烯酰胺和琼脂糖交联凝胶：这类凝胶是由交联的聚丙烯酰胺和嵌入凝胶内部的琼脂糖组成，商品名为 Ultragel。这种凝胶含有聚丙烯酰胺，所以有较高分辨率；而它又含有琼脂糖，这使得它又有较高的机械稳定性，可以使用较高的洗脱速度。调整聚丙烯酰胺和琼脂糖的浓度可以使 Ultragel 有不同的分离范围。

（5）多孔硅胶、多孔玻璃珠：多孔硅胶和多孔玻璃珠都属于无机凝胶。顾名思义，它们就是将硅胶或玻璃制成具有一定直径的网孔状结构的球形颗粒。这类凝胶属于硬质无机凝胶，它们的最大特点是机械强度很高、化学稳定性好、使用方便而且寿命长，无机胶一般柱效较低，但用微多孔硅胶制成的 HPLC 柱也可以有很高的柱效，可以达到每米 4×10^4 塔板。多孔玻璃珠易破碎，不能填装紧密，所以柱效相对较低。多孔硅胶和多孔玻璃珠的分离范围都比较宽，多孔硅胶一般为 $1\times10^2\sim5\times10^6$，多孔玻璃珠一般为 $3\times10^3\sim9\times10^6$。它们的最大缺点是吸附效应较强（尤其是多孔硅胶），可能会吸附比较多的蛋白质，但可以通过表面处理和选择洗脱液来降低吸附。另外，由于硅胶和玻璃珠不耐强碱，一般使用时 pH 应小于 8.5。

值得一提的是，各类凝胶技术近年来发展得很快，目前已研制出很多性能优越的新型凝胶。例如 Superdex 和 Superose，Superdex 的分辨率非常高，化学物理稳定性也很好，选择性强，可以用于快速蛋白质液相层析（fast protein liquid chromatography，FPLC）、HPLC 分析；而 Superose 分级分离的范围很广，分辨率较高，可以一次性地分离相对分子质量差异较大的混合物，机械稳定性也很好。此外，Fractogel 这种凝胶介质是寡聚亚乙基二醇、甲基丙烯酸缩水甘油酯和五赤醇-二甲基丙烯酸酯的共聚物，其内孔壁由缠绕的多聚体凝聚形成，使得凝胶的机械强度更高，能满足大规模制备的要求。关于各种凝胶产品的详细情况可以参阅各个公司的产品目录。

3. 凝胶的选择、处理和保存

（1）凝胶的选择：通过前面的介绍可以看到凝胶的种类、型号很多，不同类型的凝胶在性质以及分离范围上都有较大差别，所以在进行凝胶层析实验时要根据样品的性质以及分离的要求选择合适的凝胶。

一般来讲，选择凝胶首先要根据样品的情况确定一个合适的分离范围，根据分离范围来选择合适型号的凝胶。一般的凝胶层析实验可以分为两类：分组分离（group separation）和分级分离（fractionation）。分组分离是指将样品混合物按相对分子质量大小分成两组，一组相对分子质量较大，另一组相对分子质量较小；分级分离则是指将一组相对分子质量比较接近的组分更加精细地分开。在分组分离时要选择能将大分子完全排阻而小分子完全渗透的凝胶，这样分离效果好，一般常用排阻极限较小的凝胶类型。分级分离时则要根据样品组分的具体情况来选择凝胶的类型，凝胶的分离范围一方面应包括所要的各个组分的相对分子质量；另一方面要合适，不能过大，否则分辨率较低，分离效果也不好。

选择凝胶另外一个方面就是凝胶颗粒的大小。颗粒小，分辨率高，但相对流速慢，实验时间长，有时会造成扩散现象严重；颗粒大，流速快，分辨率较低但条件得当也可以得到满意的结果。如果实验条件比较特殊，如在较强的酸碱中进行或含有有机溶剂等，则要仔细查看凝胶的工作参数，选择合适类型的凝胶。关于各种凝胶产品的详细情况可参见附录4。

（2）凝胶的处理：凝胶使用前首先要进行处理，选择好凝胶的类型后，首先要根据选择的层析柱估算出凝胶的用量。由于市售的葡聚糖凝胶和聚丙烯酰胺凝胶通常是无水的干胶，所以要计算干胶用量：干胶用量（g）＝柱床体积（mL）/凝胶柱床体积（mL/g）。由于凝胶在处理过程以及实验过程中可能有一定损失，所以一般凝胶用量应在计算的基础上再增加 10%～20%（质量分数）。

葡聚糖凝胶和聚丙烯酰胺凝胶干胶的处理首先是在水中膨化，不同类型的凝胶所需的膨化时间不同。一般吸水率较小的凝胶（即型号较小、排阻极限较小的凝胶）膨化时间较短，在20℃条件下需3～4h；但吸水率较大的凝胶（即型号较大、排阻极限较大的凝胶）膨化时间则较长，20℃条件下需十几到几十小时，如Sephadex G-100以上的干胶膨化时间都要大于72h。如果加热煮沸，则膨化时间会大大缩短，一般在1～5h即可完成，而且煮沸也可以去除凝胶颗粒中的气泡。但应注意尽量避免在酸或碱中加热，以免凝胶被破坏。琼脂糖凝胶和有些市售凝胶是水悬浮的状态，所以不需膨化处理。另外，多孔玻璃珠和多孔硅胶也不需膨化处理。

膨化处理后，要对凝胶进行纯化和排除气泡。纯化可以反复漂洗，倾泻去除表面的杂质和不均一的细小凝胶颗粒，也可以用一定的酸或碱浸泡一段时间，再用水洗至中性。排除凝胶中的气泡是很重要的，否则会影响分离效果，可以通过抽气或加热煮沸的方法排除气泡。

（3）凝胶的保存：凝胶的保存一般是反复洗涤去除蛋白质等杂质，然后加入适当的抗菌剂，通常加入0.02%（质量分数）的叠氮化钠，4℃下保存。如果要较长时间的保存，则要将凝胶洗涤后脱水、干燥，可以将凝胶过滤抽干后浸泡在50%乙醇溶液中脱水，抽干后再逐步提高乙醇浓度反复浸泡脱水，至95%乙醇溶液脱水后将凝胶抽干，置于60℃烘箱中烘干，即可装瓶保存。注意膨化的凝胶不能直接高温烘干，否则可能会破坏凝胶的结构。

4. 凝胶层析的基本操作

凝胶层析的基本操作步骤与前面介绍的柱层析的操作过程基本相似，这里就不再重复了。下面主要介绍凝胶层析操作中应注意的一些具体问题。

（1）层析柱的选择：层析柱大小主要是根据样品量的多少以及对分辨率的要求进行选择。一般来讲，主要是层析柱的长度对分辨率影响较大，长的层析柱分辨率要比短的高；但层析柱长度不能过长，否则会引起柱子不均一、流速过慢等实验上的一些困难。一般柱长度不超过100cm，为得到高分辨率，可以将柱子串联使用。层析柱的直径和长度比一般为1∶（25～100）。

（2）凝胶柱的鉴定：凝胶柱的填装情况将直接影响分离效果，关于填装的方法前面已有介绍，这里主要介绍对填装好的凝胶柱的鉴定。凝胶柱填装后用肉眼观察应均匀、无纹路、无气泡。另外通常可以采用一种有色的物质，如蓝色葡聚糖2000、血红蛋白等上柱，观察有色区带在柱中的洗脱行为以检测凝胶柱的均匀程度。如果色带狭窄、平整、均匀下降，则表明柱中凝胶填装情况较好，可以使用；如果色带弥散、歪曲，则需重新装柱。

（3）洗脱液的选择：由于凝胶层析的分离原理是分子筛作用，它不像其他层析分离方式主要依赖于溶剂强度和选择性的改变来进行分离，在凝胶层析中流动相只是起运载工具的作用，一般不依赖于流动相性质和组成的改变来提高分辨率，改变洗脱液的主要目的是消除组分与固定相的吸附等相互作用，所以和其他层析方法相比，凝胶层析洗脱液的选择不那么严格。

（4）加样量：关于加样前面已经有所介绍，要尽量快速、均匀。另外，加样量对实验结果也可能造成较大的影响，加样过多，会造成洗脱峰的重叠，影响分离效果；加样过少，提纯后各组分量少、浓度较低，实验效率低。加样量的多少要根据具体的实验要求而定：凝胶柱较大，加样量就可以较大；样品中各组分相对分子质量差异较大，加样量也可以较大；一般分级分离时加样体积为凝胶柱床体积的 1%～5%，而分组分离时加样体积可以较大，一般为凝胶柱床体积的 10%～25%。如果有条件可以首先以较小的加样量先进行一次分析，根据洗脱峰的情况来选择合适的加样量。假设要分离的两个组分的洗脱体积分别为 V_{e1} 和 V_{e2}，那么加样量不能超过 $V_{e1}-V_{e2}$。实际上，由于样品扩散，加样量应小于这个值。从洗脱峰上看，如果所要的各个组分的洗脱峰分得很开，为了提高效率，可以适当增加加样量；如果各个组分的洗脱峰只是刚好分开或没有完全分开，则不能再加大加样量，甚至要减小加样量。另外加样前要注意，样品中的不溶物必须在上样前去掉，以免污染凝胶柱。样品的黏度不能过大，否则会影响分离效果。

（5）洗脱速度：洗脱速度也会影响凝胶层析的分离效果，一般洗脱速度要恒定而且合适。保持洗脱速度恒定通常有两种方法：一种是使用恒流泵；另一种是恒压重力洗脱。洗脱速度取决于很多因素，包括柱长、凝胶种类、颗粒大小等，一般来讲，洗脱速度慢，一些样品可以与凝胶基质充分平衡，分离效果好。但洗脱速度过慢会造成样品扩散加剧、区带变宽，反而会降低分辨率，而且实验时间会大大延长，所以实验中应根据实际情况来选择合适的洗脱速度，如通过进行预备实验来选择洗脱速度。一般凝胶的流速是 2～10cm³/h，市售的凝胶一般会提供一个建议流速，可供参考。

总之，凝胶层析的各种条件，包括凝胶类型、层析柱大小、洗脱液、加样量、洗脱速度等，都要根据具体的实验要求来选择。例如，样品中各个组分差异较小，则实验要求凝胶层析要有较高的分辨率。提高分辨率的选择主要有：选择包括各个待分离组分但分离范围尽量小一些的凝胶，选择颗粒小的凝胶，选择分辨率高的凝胶类型，选择较长、直径较大的层析柱，减少加样量，降低洗脱速度等。但正如前面讲过的，各种选择都有一个限度的问题，超过这个限度可能会产生相反的效果。另外需要提的一点是，实验时应尽可能地参考相关实验和文献以及进行预实验，以选择最合适的实验条件。

5. 凝胶层析的应用

下面简单介绍一下凝胶层析在生物学方面的应用。

（1）生物大分子的纯化：凝胶层析依据相对分子质量的不同来进行分离，它的这一分离特性，以及它具有简单、方便、不改变样品生物学活性等优点，使得凝胶层析成为分离纯化生物大分子的一种重要手段，尤其是对于一些大小不同，但理化性质相似的分子，用其他方法较难分开，而凝胶层析无疑是一种合适的方法，如对于不同聚合程度的多聚体的分离等。

需要说明的是，在蛋白质纯化的初期阶段很少使用凝胶层析。为了获得有效的分离，凝胶层析的加样量必须很小，一般是柱床体积的 1%～5%，而且由于样品纯度不够，很容易堵塞柱子。因此，凝胶层析通常用于纯化过程的最后阶段，此时目的蛋白质已经相对比较纯，而且样品体积已经浓缩到很小，上样后用合适的缓冲液将蛋白质成分从柱上顺序洗脱。很多情况下，柱上流出的洗脱液经过紫外检测仪可以立刻检测到从柱上洗脱下来的蛋白质，洗脱液一般通过分部收集器收集。虽然凝胶层析是一项有效的分离技术，但是相对于加样量而言，洗脱液一般都是高度稀释的，与其他层析技术相比，柱流速也常常慢得多，导致分离时间延长。

（2）相对分子质量测定：在一定的范围内，各个组分的 K_{av} 及其 V_e 与相对分子质量的对数呈线性关系。

$$K_{av} = -blgM_r + c$$
$$V_e = -b'lgM_r + c'$$

由此通过对已知相对分子质量的标准物质进行洗脱，画出 V_e 或 K_{av} 对相对分子质量对数的标准曲线，然后在相同的条件下测定未知物的 V_e 或 K_{av}，通过标准曲线即可求出其相对分子质量。凝胶层析测定相对分子质量操作比较简单，所需样品量也较少，是一种初步测定蛋白质相对分子质量的有效方法。这种方法的缺点是测量结果的准确性受很多因素影响。由于这种方法假定标准物质和样品与凝胶都没有吸附作用，如果标准物质或样品与凝胶有一定的吸附作用，那么测量的误差就会比较大；上面公式成立的条件是蛋白质基本是球形的，对于一些纤维蛋白等细长的蛋白质则不成立；另外，由于糖类的水合作用较强，用凝胶层析测定糖蛋白时，测定的相对分子质量偏大；还要注意的是标准蛋白质和所测定的蛋白质都要在凝胶层析的线性范围之内。

（3）脱盐及去除小分子杂质：利用凝胶层析进行脱盐及去除小分子杂质是一种简便、有效、快速的方法，它比一般用透析的方法脱盐要快得多，而且一般不会造成样品较大的稀释，生物分子不易变性。一般常用的是 Sephadex G-25，另外还有 Bio-Gel P-6 DG 或 Ultragel AcA 202 等排阻极限较小的凝胶类型。目前，已有多种脱盐柱成品出售，使用方便，但价格较贵。

（4）去热原物质：热原物质是指微生物产生的某些多糖蛋白质复合物等使人体发热的物质。它们是一类相对分子质量很大的物质，所以可以利用凝胶层析的排阻效应将这些大分子热原物质与其他相对分子质量较小的物质分开。例如，对于去除水、氨基酸、一些注射液中的热原物质，凝胶层析是一种简单而有效的方法。

（5）溶液的浓缩：利用凝胶颗粒的吸水性可以对大分子样品溶液进行浓缩。例如，将干燥的 Sephadex（粗颗粒）加入溶液中，Sephadex 可以吸收大量的水，溶液中的小分子物质也会渗透进入凝胶孔穴内部，而大分子物质则被排阻在外。通过离心或过滤去除凝胶颗粒，即可得到浓缩的样品溶液，这种浓缩方法基本不改变溶液的离子强度和 pH。

（四）亲和层析

亲和层析（affinity chromatography）是利用生物分子间专一的亲和力而进行分离的一种层析技术。人们很早就认识到蛋白质、酶等生物大分子能和某些相对应的分子有合适的固定配体方法，但在实验中没有广泛应用。直到 20 世纪 60 年代末，溴化氰活化多糖凝胶并偶联蛋白质技术的出现，解决了配体固定化的问题，使得亲和层析技术得到了快速发展。亲和层析是分离纯化蛋白质、酶等生物大分子最为特异而有效的层析技术，分离过程简单、快速，具有很高的分辨率，在生物分离中有广泛的应用；同时，它也可用于某些生物大分子结构和功能研究。

1. 亲和层析的基本原理

生物分子间存在很多特异性的相互作用，如我们熟悉的抗原 - 抗体、酶 - 底物或抑制剂、激素 - 受体等，它们之间都能够专一而可逆地结合，这种结合力就称为亲和力（affinity）。

亲和层析的分离原理简单地说就是通过将具有亲和力的 2 个分子中的一个固定在不溶性基质上，利用分子间亲和力的特异性和可逆性，对另一个分子进行分离纯化。被固定在基质上的分子称为配体。配体和基质是共价结合的，构成亲和层析的固定相，称为亲和吸附剂。亲和层析时首先选择与待分离的生物大分子有亲和力的物质作为配体。例如，分离酶可以选择其底物类似物或竞争性抑制剂为配体，分离抗体可以选择抗原作为配体等，并将配体共价结合在适当的不溶性基质上，如常用的 Sepharose-4B 等。将制备的亲和吸附剂装柱平衡，当样品溶液通过亲和层析柱的时候，待分离的生物分子就与配体发生特异性的结合，从而留在固定相上，而其他杂质不能与配体结合，仍在流动相中，并随漂洗缓冲液（washing buffer）流出，这样层析柱中就只有待分离的生物分子。通过适当的洗脱缓冲液（elution buffer）将其从配体上洗脱下来，就得到了纯化的待分离物质。

随着分子克隆技术的成熟和商业化载体、亲和层析柱的发展，人们在体外大量表达蛋白质时，常通过分子克隆的方法，在目的蛋白质的 N 端或（和）C 端加入表达标签，构建出重组融合蛋白，该标签可以可逆性、特异性地结合亲和层析柱，使得含有目的蛋白质的重组蛋白质得以纯化，而表达标签也可以通过特定的蛋白酶切下。常见的表达标签有 His-tag（来自 pET 载体），GST-tag（来自 pGEX 载体）。下面就以本书实验中使用的 Ni-NTA 亲和层析为例进行介绍。

金属螯合亲和层析，又称固定金属离子亲和层析，已被广泛应用于蛋白质表达纯化过程中。随着其技术的不断发展和优化，形成了现在使用得比较成熟的 Ni 柱纯化体系。其原理是利用蛋白质表面的一些氨基酸，如组氨酸、半胱氨酸和色氨酸等能够与多种过渡金属离子如 Cu^{2+}、Zn^{2+}、Ni^{2+}、Co^{2+}、Fe^{3+} 发生特殊的相互作用从而紧密结合目的蛋白质来对蛋白质加以分离纯化，其中又以组氨酸的结合能力最强。组氨酸是具有杂环的氨基酸，每个组氨酸含有一个咪唑基团，这个化学结构带有很多额外电子，对于带正电荷的化学物质有静电引力，可以和亲和配体（也就是填料）上的阳离子（一般是镍离子）有亲和作用。

现在一般使用的金属螯合亲和层析介质上偶联的配基有亚氨基二乙酸（iminodiacetic acid，IDA）和次氮基三乙酸（nitrilotriacetic acid，NTA），其中 IDA 只有 3 个金属螯合位点，与金属离子结合并不紧密，可能导致最后纯化产物不纯。而 NTA 是一个 4 个配位基的螯合剂，可以与镍离子 6 个配位基中的 4 个螯合，镍离子剩下的 2 个配位基则与目的蛋白质 6 个组氨酸残基（6×His-tag）结合，在较高强度的洗脱条件下，仍保持良好的结合力，所以现在应用得比较广泛。在实际应用中将载体特异性地插入多个组氨酸残基（一般为 6 个），这样偶联了合适金属离子的琼脂糖凝胶就可以选择性地吸附那些含有组氨酸的蛋白质和对金属离子有吸附作用的多肽、蛋白质和核苷酸，从而实现分离纯化。

组氨酸含有一个咪唑基团且通过这个咪唑基团和 Ni 结合，而咪唑因为本身也可以和 Ni 结合（表 6-1），所以可以打断组氨酸和 Ni 的相互作用将带有 6×His 标签的蛋白质洗下。在低浓度的咪唑下，可以将一些非特异性结合的蛋白质洗下来，这时带有 6×His 标签的蛋白质因为结合力很强不被洗下，从而达到纯化蛋白质，除去杂质的效果。如果增加咪唑浓度，就可以将目的蛋白质竞争下来，这就是使用咪唑梯度纯化带有 6×His 标签蛋白质的原理。同时在高浓度咪唑洗过的层析柱，可以使用 EDTA 等金属螯合剂来冲洗，之后再重新挂 Ni 重生 Ni-NTA。

表 6-1　6×His 标签的特点及优势

特点	优势
6×His 标签与 Ni²⁺ 之间的相互作用不依赖于构象	变性的和天然构象下的蛋白质都可以进行一步式纯化
温和的洗脱环境	结合、洗杂和洗脱对蛋白质的结构都没有影响，纯化的蛋白质产物可以直接应用于下游实验
6×His 标签比现在常用的蛋白质标签小	6×His 标签可以用于所有的表达系统。例如，大肠杆菌、昆虫细胞和哺乳动物细胞标签蛋白质不会对重组融合蛋白的结构和功能产生影响
6×His 标签在生理 pH 条件下不会发生变化	6×His 标签不会影响蛋白质的分泌
6×His 标签免疫原性很弱，使用蛋白酶可以轻松地将 6×His 标签有效去除	重组蛋白质不事先切掉 6×His 标签就可以用做抗原产生抗体，去除 6×His 标签的蛋白质可以用于晶体结构生物学和核磁共振的研究

2. 亲和吸附剂

选择并制备合适的亲和吸附剂是亲和层析的关键步骤之一，包括基质和配体的选择、基质的活化、配体与基质的偶联等。

1）基质

（1）基质的性质：基质构成固定相的骨架，亲和层析的基质应该具有以下一些性质。①具有较好的物理化学稳定性。在与配体偶联、层析过程中配体与待分离物结合以及洗脱时的 pH、离子强度等条件下，基质的性质都没有明显的改变。②能够和配体稳定地结合。亲和层析的基质应具有较多的化学活性基团，通过一定的化学处理能够与配体稳定地共价结合，并且结合后不改变基质和配体的基本性质。③基质的结构应是均匀的多孔网状结构，以使被分离的生物分子能够均匀、稳定地通透，并充分与配体结合。基质的孔径过小会增加基质的排阻效应，使被分离物与配体结合的概率下降，降低亲和层析的吸附容量。所以一般来说，多选择较大孔径的基质，以使待分离物有充分的空间与配体结合。④基质本身与样品中的各个组分均没有明显的非特异性吸附，不影响配体与待分离物的结合。基质应具有较好的亲水性，以使生物分子易于靠近并与配体作用。

一般纤维素以及交联葡聚糖、琼脂糖、聚丙烯酰胺、多孔玻璃珠等用于凝胶排阻层析的凝胶都可以作为亲和层析的基质，其中以琼脂糖凝胶应用最为广泛。纤维素价格低，可利用的活性基团较多，但它对蛋白质等生物分子可能有明显的非特异性吸附作用，另外它的稳定性和均一性也较差。交联葡聚糖和聚丙烯酰胺的物理化学稳定性较好，但它们的孔径相对比较小，而且孔径的稳定性不好，可能会在与配体偶联时有较大的降低，不利于待分离物与配体充分结合，只有大孔径型号凝胶可以用于亲和层析。多孔玻璃珠的特点是机械强度好，化学稳定性好，但它可利用的活性基团较少，对蛋白质等生物分子也有较强的吸附作用。琼脂糖凝胶则基本可以较好地满足上述四个条件，它具有非特异性吸附低、稳定性好、孔径均匀适当、易于活化等优点，因此得到了广泛的应用，如 Sepharose-4B、6B 是目前应用较多的基质。

（2）基质的活化：基质的活化是指通过对基质进行一定的化学处理，使基质表面上的一些化学基团转变为易于和特定配体结合的活性基团。配体和基质的偶联通常首先要进行基质的活化。

A．多糖基质的活化：多糖基质尤其是琼脂糖是一种常用的基质。琼脂糖通常含有大量的羟基，通过一定的处理可以引入各种适宜的活性基团。琼脂糖的活化方法很多，常用的有溴化氰活化、环氧乙烷基活化，还有其他很多种活化方法，如 N- 羟基琥珀酰亚胺（NHS）活化、三嗪（triazine）活化、高碘酸盐（periodate）活化、羰酰二咪唑（carbonyldiimidazole）活化、2,4,6- 三氟 5- 氯吡啶（FCP）活化、乙二酸酰肼（adipic acid dihydrazide）活化、二乙烯砜（divinylsulfone）活化等。总之，目前对多糖基质的活化方法很多，各有其特点，应根据实际需要选择适当的活化方法。

B．聚丙烯酰胺凝胶的活化：聚丙烯酰胺凝胶有大量的甲酰胺基，可以通过对甲酰胺基的修饰而对聚丙烯酰胺凝胶进行活化。一般有以下三种方式：氨乙基化作用、肼解作用和碱解作用。另外，在偶联蛋白质配体时也通常用戊二醛活化聚丙烯酰胺凝胶。

（3）多孔玻璃珠的活化：对于多孔玻璃珠等无机凝胶的活化通常采用硅烷化试剂与玻璃反应生成烷基胺 - 玻璃，在多孔玻璃珠上引进氨基即"间隔臂"，使基质上的配体离开基质的骨架向外扩展伸长，这样就可以减少空间位阻效应，大大增加配体对待分离的生物大分子的吸附效率，再通过这些氨基进一步反应引入活性基团，与适当的配体偶联。

2）配体

（1）配体的性质：亲和层析是利用配体和待分离物质的亲和力而进行分离纯化的，所以选择合适的配体对于亲和层析的分离效果是非常重要的。

理想的配体应具有以下一些性质。

A．配体与待分离的物质有适当的亲和力：亲和力太弱，待分离物质不易与配体结合，造成亲和层析吸附效率很低，而且吸附洗脱过程中易受非特异性吸附的影响，引起分辨率下降。但如果亲和力太强，待分离物质很难与配体分离，这又会造成洗脱的困难。总之，配体和待分离物质的亲和力过弱或过强都不利于亲和层析的分离，应根据实验要求尽量选择与待分离物质具有适当亲和力的配体。

B．配体与待分离的物质之间的亲和力要有较大的特异性，也就是说配体与待分离物质有适当的亲和力，而与样品中其他组分没有明显的亲和力，对其他组分没有非特异性吸附作用。这是保证亲和层析具有高分辨率的重要因素。

C．配体要能够与基质稳定地共价结合，在实验过程中不易脱落，并且配体与基质偶联后，其结构没有明显改变，尤其是偶联过程不涉及配体中与待分离物质有亲和力的部分，对二者的结合没有明显影响。

D．配体自身应具有较好的稳定性，在实验中能够耐受偶联以及洗脱时可能出现的较剧烈的条件，可以多次重复使用。

完全满足上述条件的配体实际上很难找到，在实验中应根据具体的条件来选择尽量满足上述条件的最适合的配体。

根据配体对待分离物质的亲和性的不同，可以将其分为两类：特异性配体（specific ligand）和通用性配体（general ligand）。①特异性配体一般是指只与单一或很少种类的蛋白质等生物大分子结合的配体，如生物素和亲和素、抗原和抗体、酶和它的抑制剂、激素和其受体等，它们结合都具有很高的特异性，用这些物质作为配体都属于特异性配体。配体的特异性是保证亲和层析高分辨率的重要因素，但寻找特异性配体一般比较困难，尤其对于一些性质不很了解的生物大分子，要找到合适的特异性配体通常需要大量的实验。②通用性配体一般是指特异性不是很强，能和某一类蛋白质等生物大分子结合的配体，如各种凝集素（lectine）可以结合各种糖蛋白。通用性配体对生物大分子的专一性虽然不如特异性配体，但通过选择合适的洗脱条件也可以得到很高的分辨率，而且这些配体还具有结构稳定、偶联率高、吸附容量高、易于洗脱、价格便宜等优点，所以在实验中得到了广泛的应用。在后面"亲和层析的应用"中，将详细介绍实验中各种常用的配体。

（2）配体与基质的偶联：除了前面已经介绍的基质的一些活性基团外，通过对活化基质的进一步处理，还可以得到更多种类的活性基团。这些活性基团可以在较温和的条件下与含氨基、羧基、醛基、酮基、羟基、硫醇基等的多种配体发生反应，使配体偶联在基质上。另外，通过碳二亚胺、戊二醛等双功能试剂的作用也可以使配体与基质偶联。以上这些方法使得几乎任何一种配体都可以找到适当的方法与基质偶联。

配体和基质偶联后，必须反复洗涤，以去除未偶联的配体。另外，要用适当的方法封闭基质中未偶联上配体的活性基团，也就是使基质失活，以免影响后面的亲和层析分离。例如，对于能结合氨基的活性基团，常用的方法是用 2- 乙醇胺、氨基乙烷等小分子处理。

配体与基质偶联后，通常要测定配体的结合量以了解其与基质的偶联情况，同时也可以推断亲和层析过程中对待分离的生物大分子吸附容量。配体结合量通常是用每毫升或每克基质结合的配体的量来表示。测定配体结合量的方法很多，下面简单介绍几种。

A．差量分析：根据加入配体的总量减去配体与基质偶联后洗涤出来的量即可大致推算出配体的结合量。当配体可以用光谱法准确定量时，这种方法还是相当准确的。

B．直接光谱测量：对于能够吸收 250nm 以上波长的配体，可以直接用光谱法测定与基质结合的配体的量。

C．凝胶溶解：通过适当的方法将凝胶溶解，如 75℃ 下与酸或碱作用，而后直接用光谱法测量。

D．酸或酶的水解：用酸或酶作用，使得基质释放出配体或配体的裂解物进行分析。

E．2,4,6- 三硝基苯磺酸钠（trinitro-benzene-sulfonic acid，TNBS）分析：利用 TNBS 与未结合配体和结合某些配体的基质作用呈现不同的颜色，可以计算出配体结合量。

F．元素分析：如果配体中含有某种特别的元素，通过元素分析就可以确定配体结合量。

G．放射性分析法：偶联中加入一定量带有放射性核素的配体，通过放射性分析确定配体结合量，这是一种非常灵敏的方法。

影响配体结合量的因素很多，包括基质和配体的性质、基质的活化方法及条件、基质和配体偶联反应的条件等。通常溴化氰活化的基质的活性基团比环氧基活化的基质多，配体结合量可能较大。在用溴化氰活化时，增加溴化氰的量及反应的 pH，可以增加基质上活性基团的量，从而增大配体结合量。偶联过程中增加配体的量及升高反应的 pH，也可以增大配体结合量。实验中通常希望配体结合量较高，但应注意提高配体结合量应根据实际情况，还要考虑到其他因素的影响。因为提高配体的结合量不等价于提高亲和吸附剂的吸附容量，配体结合量只是影响亲和吸附剂吸附容量的一个因素，还有很多因素，如基质、配体以及待分离物质本身的性质，配体在基质的结合情况以及实验操作条件等都可能对亲和吸附剂的吸附容量产生很大的影响。例如，增大配体的结合量通常可以增加吸附容量，但有些增大配体结合量的条件可能会影响配体的结构，降低配体和待分离物质的亲和力，这样反而会降低亲和吸附剂的吸附容量。实际影响亲和吸附剂吸附容量的因素是非常复杂的，各种因素的影响都不是绝对的，要获得较高的吸附容量往往要考虑很多因素，并通过实验来选择合适的条件。

目前，已有多种活化的基质以及偶联各种配体的亲和吸附剂制成商品出售，可以省去基质活化、配体偶联等复杂的步骤。这些商业化的亲和介质，对于大多数应用来讲，是方便实用和相对廉价的，建议实验者尽可能优先选用。关于这些产品的具体情况，可参阅相关的产品介绍。

3）亲和吸附剂的再生和保存

亲和吸附剂的再生就是指使用过的亲和吸附剂，通过适当的方法去除吸附在其基质和配体（主要是配体）上的杂质，使亲和吸附剂恢复亲和吸附能力。一般情况下，使用过的亲和层析柱，用大量的洗脱液或较高浓度的盐溶液洗涤，再用平衡液重新平衡即可再次使用。但在一些情况下，尤其是当待分离样品组分比较复杂的时候，亲和吸附剂可能会产生较严重的不可逆吸附，使亲和吸附剂的吸附效率明显下降，这时需要使用一些比较强烈的处理手段，使用高浓度的盐溶液、尿素等变性剂或加入适当的非专一性蛋白酶，但如果配体是蛋白质等一些易于变性的物质，则应注意处理时不能改变配体的活性。

亲和吸附剂的保存一般是加入 0.01%（质量分数）的叠氮化钠，4℃保存，也可以加入 0.5%（体积分数）的乙酸洗必泰或 0.05%（体积分数）的苯甲酸。应注意不要使亲和吸附剂冰冻。

3. 亲和层析的基本操作

选择制备亲和吸附剂后，亲和层析的其他操作与一般的柱层析基本类似，如图 6-3 所示。

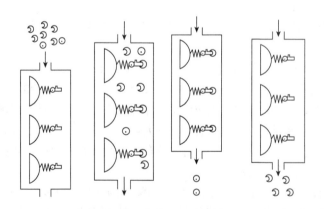

图 6-3　亲和层析操作过程

下面主要介绍亲和层析过程中的一些注意事项。

（1）上样：亲和层析纯化生物大分子通常采用柱层析的方法。亲和层析柱一般很短，通常 10cm 左右。上样时应注意选择适当的条件，包括上样流速、缓冲液种类、pH、离子强度、温度等，以使待分离的物质能够充分结合在亲和吸附剂上。

一般生物大分子和配体之间达到平衡的速度很慢，所以样品液的浓度不宜过高，上样时流速应比较慢，以保证样品和亲和吸附剂有充分的接触时间进行吸附。特别是当配体和待分离的生物大分子的亲和力比较小或样品浓度较高、杂质较多时，可以在上样后停止流动，让样品在层析柱中反应一段时间，或者将上样后流出液进行二次上样，以增加吸附量。样品缓冲液的选择也是要使待分离的生物大分子与配体有较强的亲和力；另外，样品缓冲液中一般有一定的离子强度，以减少基质、配体与样品其他组分之间的非特异性吸附。

生物分子间的亲和力是受温度影响的，通常亲和力随温度的升高而下降。所以在上样时可以选择适当较低的温度，使待分离的物质与配体有较大的亲和力，能够充分地结合；而在后面的洗脱过程可以选择适当较高的温度，使待分离的物质与配体的亲和力下降，以便于将待分离的物质从配体上洗脱下来。

上样后用漂洗缓冲液洗去未吸附在亲和吸附剂上的杂质。漂洗缓冲液的流速可以快一些，但如果待分离物质与配体结合较弱，漂洗缓冲液的流速还是以较慢为宜。如果存在较强的非特异性吸附，可以用适当较高离子强度的漂洗缓冲液进行洗涤，但应注意漂洗缓冲液不应对待分离物质与配体的结合有明显影响，以免将待分离物质同时洗下。

（2）洗脱：亲和层析的另一个重要的步骤就是要选择合适的条件使待分离物质与配体分开而被洗脱下来。亲和层析的洗脱方法可以分为两种：特异性洗脱和非特异性洗脱。

A．特异性洗脱：特异性洗脱是指利用洗脱液中的物质与待分离物质或与配体的亲和特性而将待分离物质从亲和吸附剂上洗脱下来。

特异性洗脱也可以分为两种：一种是选择与配体有亲和力的物质进行洗脱，另一种是选择与待分离物质有亲和力的物质进行洗脱。前者在洗脱时，选择一种和配体亲和力较强的物质加入洗脱液，这种物质与待分离物质竞争对配体的结合，在适当的条件下，如这种物质与配体的亲和力强或浓度较大，配体就会基本被这种物质占据，原来与配体结合的待分离物质被取代而脱离配体，从而被洗脱下来。例如，用凝集素作为配体分离糖蛋白时，可以用适当的单糖洗脱，单糖与糖蛋白竞争对凝集素的结合，可以将糖蛋白从凝集素上置换下来。后一种方法洗脱时，选择一种与待分离物质有较强亲和力的物质加入洗脱液，这种物质与配体竞争对待分离物质的结合，在适当的条件下，如这种物质与待分离物质的亲和力强或浓度较大，待分离物质就会基本被这种物质结合而脱离配体，从而被洗脱下来。例如，用染料作为配体分离脱氢酶时，可以选择 NAD^+ 进行洗脱，NAD^+ 是脱氢酶的辅酶，与脱氢酶的亲和力要强于染料，所以脱氢酶就会与 NAD^+ 结合而从配体上脱离。特异性洗脱方法的优点是特异性强，温和高效，可以进一步消除非特异性吸附的影响，从而得到较高的分辨率。另外，对于待分离物质与配体亲和力很强的情况，使用非特异性洗脱方法需要较强烈的洗脱条件，很可能使蛋白质等生物大分子变性，有时甚至只能使待分离的生物大分子变性才能够洗脱下来，使用特异性洗脱则可以避免这种情况。由于亲和吸附达到平衡比较慢，所以特异性洗脱往往需要较长的时间和较强的洗脱条件，可以通过适当地改变其他条件，如选择亲和力强的物质洗脱、加大洗脱液浓度等，来缩短洗脱时间和减小洗脱体积。

B．非特异性洗脱：非特异性洗脱是指通过改变洗脱缓冲液 pH、离子强度、温度等条件，降低待分离物质与配体的亲和力而将待分离物质洗脱下来。

当待分离物质与配体亲和力较小时，一般通过连续大体积平衡缓冲液冲洗，就可以在杂质之后将待分离物质洗脱下来，这种洗脱方式简单、条件温和，不会影响待分离物质的活性，但洗脱体积一般比较大，得到的待分离物质浓度较低。当待分离物质和配体结合较强时，可以通过选择适当的 pH、离子强度等条件降低待分离物质与配体的亲和力，具体的条件需要在实验中摸索。可以选择梯度洗脱方式，这样可能将亲和力不同的物质分开。如果希望得到较高浓度的待分离物质，可以选择酸性或碱性洗脱液，或较高的离子强度一次快速洗脱，这样在较小的洗脱体积内就能将待分离物质洗脱出来。但选择洗脱液的 pH、离子强度时应注意尽量不影响待分离物质的活性，而且洗脱后应注意中和酸碱，透析去除离子，以免待分离物质丧失活性。待分离物质与配体结合非常牢固时，可以使用较强的酸碱或在洗脱液中加入脲、胍等变性剂使蛋白质等待分离物质变性，而使其从配体上解离出来，然后再通过适当的方法使待分离物质恢复活性。

4. 亲和层析的应用

亲和层析的应用主要是生物大分子的分离、纯化。下面简单介绍一些亲和层析技术用于纯化各种生物大分子的情况。

（1）抗原和抗体：利用抗原、抗体之间高特异的亲和力进行分离的方法又称为免疫亲和层析。例如，将抗原结合于亲和层析基质上，就可以从血清中分离其对应的抗体。在蛋白质工程菌发酵液中所需蛋白质的浓度通常较低，用离子交换、凝胶过滤等方法都难于进行分离，而亲和层析则是一种非常有效的方法。将所需蛋白质作为抗原，经动物免疫后制备抗体，将抗体与适当基质偶联形成亲和吸附剂，就可以对发酵液中的所需蛋白质进行分离纯化。抗原、抗体间亲和力一般比较强，其解离常数为 $10^{-12} \sim 10^{-8}$ mol/L，所以洗脱比较困难，通常需要较强烈的洗脱条件。可以采取适当的方法如改变抗原、抗体种类或使用类似物等来降低二者的亲和力，以便于洗脱。另外，金黄色葡萄球菌蛋白 A（protein A）能够与免疫球蛋白 G（IgG）的 Fc 部分结合，可以用于分离各种 IgG。

（2）生物素和亲和素：生物素（biotin）和亲和素（avidin）之间具有很强而特异的亲和力，可以用于亲和层析，如用亲和素分离含有生物素的蛋白质等。生物素和亲和素的亲和力很强，其解离常数为 $10 \sim 15$ mol/L，洗脱通常需要强烈的变性条件，可以选择生物素的类似物，如 2- 亚氨基生物素（2-iminobiotin）、二亚氨基生物素（diiminobiotin）等降低与亲和素的亲和力，这样可以在较温和的条件下将其从亲和素上洗脱下来。另外，可以利用生物素和亲和素间的高亲和力，将某种配体固定在基质上。例如，将用生物素酰化的胰岛素与以亲和素为配体的琼脂糖作用，通过生物素与亲和素的亲和力，胰岛素就被固定在琼脂糖上，可以用于亲和层析分离与胰岛素有亲和力的生物大分子物质，这种非共价的间接结合比直接将胰岛素共价结合于溴化氰（CNBr）活化的琼脂糖上更稳定。很多种生物大分子可以用生物素标记试剂［如生物素与 N- 羟基琥珀亚胺（NHS）生成的酯］作用结合上生物素，并且不改变其生物活性，这使得生物素和亲和素在亲和层析分离中有更广泛的用途。

（3）维生素、激素和结合转运蛋白：通常结合转运蛋白含量很低，如 1000L 人血浆中只含有 20mg 维生素 B_{12} 结合蛋白，用通常的层析技术难于分离。利用维生素或激素与其结合转运蛋白具有强而特异的亲和力（解离常数为 $10^{-16} \sim 10^{-7}$ mol/L）而进行亲和层析则可以获得较好的分离效果。由于亲和力较强，所以洗脱时可能需要较强烈的条件，另外可以加入适量的配体进行特异性洗脱。

（4）激素和受体蛋白：激素的受体蛋白属于膜蛋白，利用去污剂溶解后的膜蛋白往往具有相似的物理性质，难于用通常的层析技术分离。但去污剂溶解通常不影响受体蛋白与其对应激素的结合，所以利用激素和受体蛋白间的高亲和力（解离常数为 $10^{-12}\sim$ $10^{-6}mol/L$）进行亲和层析是分离受体蛋白的重要方法。目前已经用亲和层析方法纯化出了大量的受体蛋白，如乙酰胆碱、肾上腺素、生长激素、吗啡、胰岛素等多种激素的受体。

（5）凝集素和糖蛋白：凝集素是一类具有多种特性的糖蛋白，几乎都是从植物中提取的。它们能识别特殊的糖类，因此可以用于分离多糖、各种糖蛋白、免疫球蛋白，甚至完整的细胞。用凝集素作为配体的亲和层析是分离糖蛋白的主要方法。例如，伴刀豆球蛋白 A 能结合含 α-D- 吡喃甘露糖苷或 α-D- 吡喃葡糖苷的糖蛋白，麦胚凝集素可以特异地与 N- 乙酰氨基葡萄糖或 N- 乙酰神经氨酸结合，可以用于血型糖蛋白 A、红细胞膜凝集素受体等的分离。洗脱时只需用相应的单糖或类似物，就可以将待分离的糖蛋白洗脱下来，如洗脱伴刀豆球蛋白 A 吸附的蛋白质可以用 α-D- 甲基甘露糖苷或 α-D- 甲基葡糖苷洗脱。同样，用适当的糖蛋白或单糖、多糖作为配体也可以分离各种凝集素。

（6）辅酶：核苷酸及其许多衍生物、各种维生素等是多种酶的辅酶或辅因子，利用它们与对应酶的亲和力可以对多种酶类进行分离纯化。例如，固定的各种腺嘌呤核苷酸辅酶，包括 AMP、cAMP、ADP、ATP、CoA、NAD^+、$NADP^+$等应用很广泛，可以用于分离各种激酶和脱氢酶。

（7）多核苷酸和核酸：利用 poly U 作为配体可以用于分离 mRNA 及各种 poly U 结合蛋白。poly A 可以用于分离各种 RNA、RNA 聚合酶以及其他 poly A 结合蛋白。以 DNA 作为配体可以用于分离各种 DNA 结合蛋白、DNA 聚合酶、RNA 聚合酶、外切核酸酶等多种酶类。

（8）氨基酸：固定化氨基酸是多用途的介质，氨基酸与其互补蛋白间的亲和力，或者氨基酸的疏水性等性质，可以用于多种蛋白质、酶的分离纯化。例如，L- 精氨酸可以用于分离羧肽酶，L- 赖氨酸则广泛地应用于分离各种 rRNA。

（9）分离病毒、细胞：利用配体与病毒、细胞表面受体的相互作用，亲和层析也可以用于病毒和细胞的分离。利用凝集素、抗原、抗体等作为配体都可以用于细胞的分离。例如，各种凝集素可以用于分离红细胞以及各种淋巴细胞，胰岛素可以用于分离脂肪细胞等。由于细胞体积大、非特异性吸附强，所以亲和层析时要注意选择合适的基质。目前已有特别的基质如 Sepharose 6 MB，因其颗粒大、非特异性吸附小等特点，适合用于细胞亲和层析。

（10）金属螯合层析：金属螯合层析以及共价层析、疏水层析是一些特殊的亲和层析技术。金属螯合层析的原理是利用暴露的蛋白质残基和介质上的金属离子之间的相互作用进行纯化。作为电子供体的表面氨基酸，特别是组氨酸，与金属离子螯合时，金属亲和柱内含这些氨基酸残基的蛋白质就受到阻滞。由于电子供体应为非质子化的（至少部分非质子化），所以碱性越强的溶液中，蛋白质与金属亲和柱的结合能力越强。金属螯合层析通常使用去甲氧基柔红霉素（IDA）等螯合剂，它能与 Cu^{2+}、Fe^{2+}等作用，生成带有多个配位基的金属螯合物，可用于生物分子尤其是对重金属有较强亲和力的蛋白质的分离纯化。例如，Cu^{2+}-IDA 配体可以用于分离带精氨酸的蛋白质，Ni 柱亲和层析可用于纯化带有组氨酸标签的融合蛋白。

His-Tag 是常用的纯化蛋白质的融合标签，在目的蛋白质的一端或两端连接上 6 个、8 个或 10 个连续的组氨酸残基，通过组氨酸残基与金属 Ni 的结合作用，特异性地将融合蛋白亲和纯化出来（特别是那些以包涵体形式表达的蛋白质，可以将其在完全变性条件下溶解，继而进行亲和纯化）。pET 系统可以用来在 *E. coli* 中克隆表达带有 His-Tag 融合标签的重组蛋白。目的基因被克隆到 pET 质粒载体上，受噬菌体 T_7 强转录及翻译的信号控制，表达由宿主细胞提供的 T_7 RNA 聚合酶诱导。T_7 RNA 聚合酶的机制十分有效并具选择性：充分诱导时，几乎所有的细胞资源都用于表达目的蛋白质；诱导表达后仅几个小时，目的蛋白质通常可以占到细胞总蛋白的 50% 以上；在非诱导条件下，可以使目的基因完全处于沉默状态而不转录，防止蛋白质的毒性导致的质粒丢失。在带有受 lacUV5 控制的 T_7 RNA 聚合酶基因表达型细菌中，可以通过在细菌培养基中加入异丙基硫代半乳糖苷（isopropyl thiogalactoside，IPTG）来启动表达。

通过重组蛋白质技术，融合蛋白中的 His-Tag 序列与固定在基于 NTA^- 和 IDA^- 的树脂上的二价阳离子 Ni^{2+} 结合。洗去未结合蛋白质后，用咪唑或稍低的 pH 洗脱并回收目的蛋白质。一些情况下，蛋白质纯化后可以用特定的位点特异性蛋白酶去除融合标签。总之，该系统可在温和、非变性条件，或存在 6mol/L 胍或脲条件下纯化蛋白质。

（五）吸附层析

吸附层析是应用最早的层析技术，其原理是利用固定相（吸附剂）对物质的吸附能力差异来实现对混合物的分离。在柱层析中，层析柱内装填适当的吸附剂，将混合物加到层析柱上端后以一定的流速通入适当的洗脱剂（流动相）。洗脱剂向下流动的过程中，混合物中的各个溶质由于在固定相上的吸附平衡行为不同，具有不同的移动速度，随着洗脱时间的推移而逐渐分开，最后以彼此分离的层析带出现在层析柱出口，通过检测器可检测到各层析带的浓度分布曲线（层析峰）。吸附作用小的物质移动速度快，洗脱时间短；吸附作用强的物质移动速度慢，洗脱时间长。吸附作用的强弱主要与吸附剂和被吸附物质的性质有关。在吸附层析中固定相主要是颗粒状的吸附剂，在吸附剂表面存在着许多随机分布的吸附位点，这些位点通过范德瓦尔斯力、静电引力、疏水作用和配位键等作用力与溶质分子结合。

吸附层析的关键是吸附剂（固定相）和洗脱剂（流动相）的选择。吸附剂应具有表面积大、颗粒均匀、吸附选择性好、稳定性高、成本低等性能。普通吸附剂根据吸附能力的强弱可分三类。①弱吸附剂：如蔗糖、淀粉等。②中等吸附剂：如碳酸钙、磷酸钙、熟石灰、硅胶等。③强吸附剂：如氧化铝、活性炭、硅藻土等。

根据相似相溶原理，极性强的吸附剂易吸附极性强的物质，非极性吸附剂易吸附非极性的物质。但为了便于解吸附，对于极性强的物质通常选用极性弱的吸附剂进行吸附。对于一定的待分离系统，需通过实验确定合适的吸附剂。

洗脱剂应具备黏度小、纯度高、不与吸附剂或吸附物起化学反应、易与目标分子分离等特点。洗脱剂的洗脱能力与介电常数有关，介电常数越大，其洗脱能力也越大。对于上述吸附剂，常用的洗脱剂介电常数的大小依次为：乙烷＞苯＞乙醚＞氯仿＞乙酸乙酯＞丙酮＞乙醇＞甲醇。

除上述吸附剂外，蛋白质的吸附分离常用疏水性吸附剂和亲和吸附剂。

疏水性吸附剂表面键合有弱疏水性基团（如琼脂糖凝胶表面键合苯基、辛基和丁基等）。疏水性吸附层析是根据蛋白质与疏水性吸附剂之间的弱疏水性相互作用的差别进行蛋白质类生物大分子分离纯化的层析法。亲水性蛋白质表面均含有一定量的疏水性基团,疏水性氨基酸(如酪氨酸、苯丙氨酸等)含量较多的蛋白质疏水性基团多,疏水性也大。尽管在水溶液中蛋白质具有将疏水性基团折叠在分子内部而表面显露极性基团和荷电基团的作用,但总有一些疏水性基团或极性基团的疏水部位暴露在蛋白质表面。这部分表面疏水性基团可与亲水性固定相表面偶联的短链烷基、苯基等弱疏水基发生疏水性相互作用,被疏水性吸附剂所吸附。根据蛋白质盐析沉淀原理,在离子强度较高的盐溶液中,蛋白质表面疏水部位的水化层被破坏,裸露出疏水部位,疏水性相互作用增大。所以,蛋白质在疏水性吸附剂上的吸附平衡系数随流动相盐浓度(离子强度)的提高而增大。因此,蛋白质的疏水性吸附需在高浓度盐溶液中进行,洗脱则主要采用线性(或逐次)降低流动相离子强度的梯度洗脱法。

亲和层析利用键合亲和配基的亲和吸附剂为固定相。常用的亲和配基有抗体、酶抑制剂和植物凝聚素等,它们可分别选择性吸附其相应的抗原、酶和糖蛋白。亲和吸附具有高度的选择性,因此,亲和层析是一种分辨率最好的吸附层析法。亲和层析一般采用线性梯度洗脱或逐次洗脱法,洗脱剂需根据具体的亲和吸附系统(配基和蛋白质)来确定。

(六)纸层析

分配层析是以惰性支持物如滤纸、硅胶等材料结合的液体为固定相,以沿着支持物移动的有机溶剂为流动相构成的层析系统,是根据溶质在不同溶剂系统中分配系数的不同而使物质分离的一种方法。分配系数是指一种溶质在两种互不相溶的溶剂系统中达到分配平衡时,该溶质在两相(固定相和流动相)中的浓度比,用 K 表示。

在分配层析中应用最广泛的是纸层析,是以滤纸为支持物的分配层析。组成滤纸的纤维素是亲水物质,能形成水相和展层剂的两相系统,被分离物质在两相中的分配保持平衡关系。纸层析用于分析简单的混合物时可做单向层析,对于复杂的混合物,可做双向层析。

1944 年,A. J. P. 马丁第一次用纸层析分析氨基酸,得到很好的分离效果,开创了近代层析发展和应用的新局面。20 世纪 70 年代以后,纸层析已逐渐被其他分辨率更高、速度更快和更微量化的新方法,如离子交换层析、薄层层析、高效液相层析等所代替。

纸层析(图 6-4)由于设备简单、操作方便、所需样品量少、分辨率一般能达到要求等优点而用于物质的分离,并可以进行定性和定量分析。其缺点是展开时间较长。

1. 原理

滤纸一般能吸收 22%~25% 的水,其中 6%~7% 的水以氢键与滤纸纤维上的羟基结合,一般情况下较难脱去。纸层析实际上是以滤纸纤维的结合水为固定相,而以有机溶剂(与水不相混溶或部分混溶)作为流动相。展开时,有机溶剂在滤纸上流动,样品中各物质在两相之间不断地进行分配。由于各物质有不同的分配系数,移动速度因此不同,从而达到分离的目的。

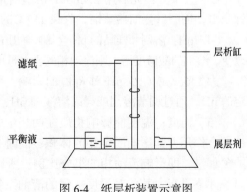

图 6-4 纸层析装置示意图

溶质在滤纸上移动的速率即迁移率，可用 R_f 表示。

$$R_f = \frac{\text{原点到层析点中心的距离}}{\text{原点到溶剂前沿的距离}}$$

R_f 值取决于被分离物质在两相间的分配系数以及两相间的体积比。由于在同一实验条件下，两相体积比是一常数，所以 R_f 值取决于分配系数。不同物质的分配系数不同，R_f 值也不相同，由此可以根据 R_f 值的大小对物质进行定性分析。

2. 影响 R_f 值的主要因素

影响 R_f 值的因素很多，主要有下列几方面。

（1）物质的结构和极性：物质的结构不同，其分子的极性不一样，在水和有机溶剂两相中的溶解度就不相同。所以物质的结构和分子极性是影响 R_f 值的主要因素。极性较强的物质，在水中的溶解度较大，其 R_f 值就较小，反之亦然。

（2）滤纸：不同滤纸的厚薄程度和纤维松紧度各不相同，因此结合的水量不一样，两相的体积比也就不同。所以同一种物质在不同型号的滤纸上进行层析时，所得到的 R_f 值也不相同。

此外，滤纸上所含的杂质也会影响 R_f 值，必要时要进行预处理，以去除杂质的影响。例如，可用 0.01～0.4mol/L 的盐酸溶液处理滤纸，以除去滤纸上的金属离子，然后再用水洗至中性。

层析滤纸由高纯度的棉花制成，要求质地均一、厚薄一致、纤维松紧度适中，具有一定的机械强度，并具有一定的纯度。

（3）层析所用的溶剂：同一物质在不同的溶剂系统中进行层析时 R_f 值不同。所以溶剂的配制和使用必须严格，才能使 R_f 值的重现性好。在好的溶剂系统中被分离物质的 R_f 值应为 0.05～0.85，样品中被分离组分的 R_f 之差最好大于 0.05。

溶剂系统中的试剂若纯度不够，需经过预处理后才能使用。处理的方法因溶剂的性质而异。常用的处理方法有：酸、碱抽提，水洗涤，重蒸馏，脱水干燥等，举例如下。

A. 苯酚：重蒸馏，收集 180℃ 的馏分。

B. 乙酸：在冰醋酸中加入 1% 重铬酸钾，蒸馏，收集 118℃ 的馏分。

C. 正丁醇：先后用 2.5mol/L 硫酸溶液和 5mol/L 氢氧化钠溶液洗涤，再用无水碳酸钾脱水，用磨口蒸馏器蒸馏，收集 117℃ 的馏分。

（4）pH：溶剂和样品的 pH 会影响物质的解离，从而影响物质的极性和溶解度，使 R_f 值改变。溶剂的酸碱度增大则流动相的含水量增高，使极性物质的 R_f 值增加；反之则降低。

为了避免或减少 pH 对 R_f 值的影响，可将滤纸和溶剂用缓冲溶液处理，使之保持一定的 pH，通过调节溶剂或样品溶液的 pH，使 pH 保持恒定。

（5）温度：温度能影响物质在两相中的溶解度，即影响分配系数；也影响滤纸纤维的水合作用，即影响固定相的体积；同时在多元溶剂系统中，温度显著地影响溶剂系统的含水量，即影响流动相的组分比例。所以温度对 R_f 的影响很大，为此，层析必须在恒温条件下进行。某些对温度敏感的溶剂系统，最好不要配成饱和溶液，如水饱和的酚溶液，可改成酚：水＝4∶1 或 5∶1（V/V）等。

（6）展开方式：同一物质在其他层析条件完全相同的情况下，用不同的展开方式进行层析时，所得到的 R_f 值不相同。用下行法展开时，R_f 值较大；用上行法展开时，R_f 值较小；用圆形滤纸层析时，由于内圈较外圈小，限制了溶剂的流动，R_f 值也较小。

（7）样品溶液中的杂质：样品溶液中存在杂质，有时对 R_f 值有所影响。例如，氯化钠的存在会影响氨基酸的 R_f 值。

3. 操作方法

欲分离的样品进行纸层析时，一般需要经过样品处理、点样、平衡、展开、显色和定性/定量分析 6 个步骤。

（1）样品处理：用作纸层析的样品，应尽可能除杂纯化，调节到一定的 pH，浓度太低的可用真空浓缩以提高浓度，浓度太高则需稀释。

（2）点样：将滤纸裁成适当大小，用铅笔在距边线 2cm 左右划一直线（称为原线），线上每隔 2～3cm 划一圆点（称为原点），然后用点样器（定性分析可用普通毛细管，定量分析须用血球计数管或微量注射器）轻轻点在原点上。样品点的直径为 0.3～0.5cm。点样的量应根据纸的长短以及样品的性质来决定，一般每一样品的量为 5～30μg。点样一般采用少量多次，每点一次必须用冷风吹干，然后再点第二次。每次点样的位置应完全重合，否则会出现斑点畸形现象。

（3）平衡：点样以后、展开以前，先将滤纸与层析缸用配好的溶液系统的蒸汽来饱和，这个过程称之为"平衡"。若不经平衡，滤纸和层析缸未被溶剂蒸汽饱和，在层析过程中，滤纸会从溶剂中吸收水分，溶剂也会从滤纸表面挥发，从而改变溶剂系统的组成，严重时纸上会出现不同水平的溶剂前沿，影响层析效果。平衡一般在密闭的层析缸内进行。

（4）展开：平衡结束后，将滤纸靠样品点的一端浸入溶剂中，溶剂液面距原线距离约 1cm，此时即开始展开。当溶剂前沿到达滤纸另一端 0.5～1cm 处时，展开结束，取出滤纸，在溶剂前沿处做一标记，烘干或用冷风吹干。按溶剂在滤纸上流动的方向不同，展开有上行、下行和环行三种方式。

A. 上行法：将滤纸点样的一端向下浸入溶剂中，溶剂因毛细管力的作用从下向上流动。上行法操作简单，重复性好，是最常用的展开方法，但展开时间较长。

B. 下行法：在层析缸上部有一盛展层剂的液槽，将滤纸点样的一端朝上浸入槽中，溶剂主要靠重力作用自上而下流动。下行法展开速度快，但 R_f 值的重现性较差，斑点易扩散。

C. 环行法：又称水平法，样品点于圆形滤纸距圆心 1cm 左右的环形线（原线）上。滤纸水平放置，溶剂由滤纸条引向圆心，然后不断向四周水平方向流动。由于溶剂向圆周方向扩散，所以展开的图谱呈弧形。用环行法展开时，最好使用无方向性的特制滤纸。

如果样品组分较多，用一种溶剂系统不能将各组分全部分开时，可将样品点在方形滤纸的一角，用一种溶剂系统展开后吹干溶剂，将滤纸转动 90°，再用另一种溶剂系统进行第二向展开，这称为"双向展开法"。

（5）显色：为了显示层析斑点位置，可根据物质的性质不同，采用显色剂显示或紫外光显示。

A. 显色剂显示：被分离物质与显色剂生成有颜色的化合物，显示斑点位置。常用喷雾法、浸渍法或涂刷法。

B. 紫外光显示：有些物质有紫外光吸收性质，如核苷酸类物质；有些物质受紫外光照射会发出荧光，如维生素 B_1、维生素 B_2 等，所以可在紫外光照射下观察到被分离物质的斑点。

（6）定性分析：层析后的斑点显示出来后分析。

（7）定量分析：计算出各斑点的 R_f 值，就可以对物质进行定量分析了。对被分离的物质进行定量的方法很多，常用的如下所述。

A. 剪洗比色法：将斑点剪下，用适当的溶剂洗脱后，通过分光光度计进行比色定量。

B. 直接比色法：用特制的分光光度计直接测量滤纸上斑点颜色的浓度，画出曲线，由曲线所包含的面积可求出待测物的含量。

C. 面积测量法：实验证明，圆形或椭圆形斑点的面积与物质含量的对数成正比。所以可用测量斑点面积的方法求得物质的含量。

（七）薄层层析

在支持板玻璃片、金属箔或塑料片上铺上一层 1～2mm 的支持物，如纤维素、硅胶、离子交换剂、氧化铝或聚酰胺等，根据需要做不同类型的层析。聚酰胺薄膜是一种特异的薄层，将尼龙溶解于浓甲酸中，涂在涤纶片基上，甲酸挥发后在涤纶片基上形成一层多孔的薄膜，其分辨率超过了用尼龙粉铺成的薄层。薄层层析较纸层析优越在于分辨率高，展层时间短。薄层层析一般用于定性分析，也能用于定量分析和制备样品。

（八）高效液相层析（高压液相色谱）

高效液相层析（HPLC）是在 20 世纪 60 年代中期吸收了普通液相层析和气相层析的优点，经过适当改进发展起来的。到 20 世纪 70 年代中期，随着计算机技术的应用，仪器的自动化水平和分析精度得到了进一步提高。与经典的液相层析和气相层析相比，HPLC 具有分离性能高、速度快、检测灵敏度高、应用范围广等特点。它不仅适用于很多高沸点、大分子、强极性、热稳定性差的物质的定性分析，而且也适用于上述物质的制备和分离，因而广泛应用于生命科学、化学化工、医药卫生、环境科学、食品、保健品等各个领域。

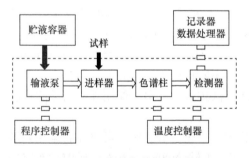

图 6-5　高效液相色谱仪结构简图

高效液相色谱仪一般由贮液容器、输液泵（有一元、二元、四元等多种类型）、色谱柱、进样器（手动或自动两种）、检测器（常见的有紫外检测器、折光检测器、荧光检测器等）、数据处理器或色谱工作站等组成，其结构如图 6-5 所示。

高效液相色谱仪的核心部件是耐高压的细管柱。柱中装有粒径极小的担体，它具有实心的内核和多孔的外壳，在薄壳中涂有固定液，当样品进入分析柱后，其中的各种组分随流动相前进的速率不同，从而实现有效的分离。柱中担体有不同的类型，分离的原理视担体种类不同而分为液 - 液分配层析、液 - 固吸附层析、离子交换层析、凝胶渗透层析等多种。它可以完成定性、定量分析，还可以用制备型色谱做一定量的制备。与气相层析相结合，可以完成绝大多数生物物质的分离、分析。

第二节　层析技术实验

实验一　氨基酸的分离鉴定——纸层析法

一、实验目的

学习纸层析法分离氨基酸的基本原理及操作方法。

二、实验原理

纸层析法是用滤纸作为惰性支持物的分配层析法。层析溶剂由有机溶剂和水组成。物质被分离后在纸层析图谱上的位置是用 R_f 值来表示（图 6-6）。

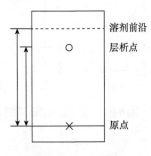

图 6-6　R_f 示意图

$$R_f = \frac{原点到层析点中心的距离}{原点到溶剂前沿的距离}$$

在一定条件下，某种物质的 R_f 值是常数。R_f 值的大小与物质的结构、性质、溶剂系统、层析滤纸的质量和层析温度等因素有关。本实验利用纸层析法分离氨基酸。

三、实验器材

1. 材料

氨基酸样品：0.5% 的氨基酸（赖氨酸、脯氨酸、缬氨酸、苯丙氨酸、亮氨酸）溶液及它们的混合液各 5mL（各组分浓度均为 0.5%）。

2. 试剂

（1）展层剂：4 份水饱和的正丁醇和 1 份冰醋酸的混合物。将 20mL 正丁醇和 5mL 冰醋酸放入分液漏斗中，与 15mL 水混合，充分振荡，静置后分层，放出下层水层。取漏斗内的展层剂约 5mL 置于小烧杯中做平衡溶剂，其余的倒入试剂瓶中备用。

（2）显色剂：0.1% 水合茚三酮正丁醇溶液。

3. 器具

吹风机、层析缸、毛细管、喷雾器、铅笔、直尺、层析滤纸（新华一号）、一次性手套等。

四、实验步骤

（1）将盛有展层剂的小烧杯置于密闭的层析缸中。

（2）用镊子夹取层析滤纸（长 22cm，宽 14cm）一张，在纸的一端距边缘 2.0cm 处用铅笔划一条直线，在此直线上每隔 2cm 作一记号（图 6-7）。

（3）点样：用毛细管蘸取氨基酸样品分别点在直线上 6 个标记好的位置，每次在纸上扩散的直径不超过 3mm，干后再点一次。

（4）扩展：将点样后的滤纸两侧对齐，用线将滤纸缝成筒状，纸的两边不能接触。避免溶剂沿边缘快速移动而造成溶剂前沿不齐，影响 R_f 值。将盛有约 20mL 展层剂的培养皿迅速置于密闭的层析缸中，并将滤纸直立于培养皿中（点样的一端在下，展层剂的液面需低于点样线 1cm）。待展层剂上升 15~20cm 时垂直地取

图 6-7　点样示意图

1 2 3 4 5 6

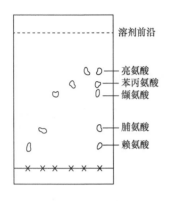

图 6-8　纸层析图谱结果图

出滤纸,用铅笔描出溶剂前沿界线。

（5）显色:用喷雾器均匀喷上 0.1% 水合茚三酮正丁醇溶液,然后用将吹风机调至热风挡吹干,即可显出各氨基酸的层析斑点（图 6-8）。

（6）根据纸层析图谱计算各种氨基酸的 R_f 值。

五、注意事项

（1）点样时毛细管的操作应垂直落下,快速提起,待每次干后再点下一次。

（2）整个实验过程,尽量不要用手直接接触滤纸。

（3）实验中,也可将扩展剂直接倒入层析缸中,平衡好后进行后续实验,但要注意不要将展层剂沾到层析缸内壁上。

六、思考题

（1）何谓纸层析法?

（2）将放盛有展层剂的小烧杯放入层析缸的作用是什么?

（3）何谓 R_f 值? 影响 R_f 值的主要因素是什么?

实验二　离子交换层析分离氨基酸

一、实验目的

（1）掌握离子交换层析技术的基本原理和方法。

（2）熟悉离子交换层析装柱、洗脱及收集等操作技能。

二、实验原理

离子交换层析是根据流动相中的阳离子或阴离子和相对应的离子交换剂间的静电结合,即根据物质的酸碱性、极性等差异,通过离子间的可逆吸附的原理将溶液中的组分分开。由于不同物质所带电荷不同,其对离子交换剂就会有不同的亲和力,然后通过改变洗脱液的 pH,就可使这些组分按亲和力大小顺序依次从层析柱上被洗脱下来,从而达到分离的目的。

离子交换剂通常是一些含有可解离基团（—SO₃H,—COOH）的高分子物质,其中使用最普遍的是离子交换树脂,它是一种合成的高聚物,不溶于水,能吸水膨胀。

本实验选用含磺酸基团的强酸性阳离子交换树脂（732 型）作为离子交换剂,分离的样品为谷氨酸（Glu）、苯丙氨酸（Phe）、赖氨酸（Lys）三种氨基酸的混合液,这三种氨基酸的 pI 分别为 3.22、5.48、9.74。它们在 pH 5.3 的缓冲液中分别带负电荷和不同量的正电荷,与树脂上的磺酸基团之间的亲和力不同,其在离子交换柱上的迁移速率也不同,因此被洗脱下来的顺序也不同,可将三种不同的氨基酸分离开来,分别收集至各管后,可用茚三酮显色鉴定。

三、实验器材

1. 材料

Glu、Phe、Lys。

2. 试剂

（1）732 型阳离子交换树脂。

（2）洗脱液。

A. 0.45mol/L pH 5.3 柠檬酸缓冲液：称取柠檬酸 28.5g，加入 18.6g NaOH，用 HCl 约 10.5mL 调 pH 至 5.3，溶于蒸馏水中，最后用蒸馏水定容至 1L。

B. 0.1mol/L pH 12.0 NaOH 缓冲液：称取 4g NaOH 溶于蒸馏水中，并定容至 1L。

（3）样品液：精确称量 Glu 14.7mg、Phe 16.5mg、Lys 14.6mg，溶于 10mL 0.2mol/L HCl 溶液中，充分溶解，混匀后各成分的氨基酸浓度为 5mmol/L，4℃冰箱保存。

（4）茚三酮显色液：0.5g 茚三酮溶于 100mL 95% 乙醇溶液中。

（5）2mol/L HCl 溶液、0.1mol/L NaOH 溶液、0.2mol/L NaOH 溶液、2mol/L NaOH 溶液、60% 乙醇溶液、蒸馏水。

3. 器具

层析柱（1.2cm×25cm）、铁架台、分部收集器、加样器、试管及试管架、烧杯、722 型分光光度计等。

四、实验步骤

1. 树脂的处理

称取 10g 干树脂放入 100mL 烧杯中，加入 25mL 2mol/L HCl 溶液搅拌 2h，待树脂沉降后倾去 HCl，用蒸馏水充分洗涤树脂至中性。加入 25mL 2mol/L NaOH 溶液至上述树脂中搅拌 2h，倾去 NaOH，用蒸馏水洗涤至中性。将树脂悬浮于 50mL pH 5.3 柠檬酸缓冲液中备用。

2. 装柱

在层析柱底部垫上玻璃棉或海绵圆垫，垂直装于铁架台上。关闭层析柱出口，沿壁缓慢倒入经处理的上述树脂悬浮液，待树脂沉降后，放出过量的溶液，再继续加入一些树脂悬液，至树脂沉积高度为 16～18cm 即可。装柱要求连续、均匀，无分层、气泡等现象发生，必须防止液面低于树脂平面，否则要重新装柱。

3. 平衡

层析柱装好后，再缓慢沿管壁加入 pH 5.3 柠檬酸缓冲液洗涤树脂，至流出液 pH 为 5.3 为止，保持液面高出树脂表面 1cm 左右，关闭柱子出口。

4. 加样与洗脱

打开出口使缓冲液流出，待液面几乎与树脂表面平齐时关闭出口（不可使树脂表面干燥）。马上用加样器吸取混合氨基酸样品液 0.5mL，沿靠近树脂表面的柱壁缓慢加入（注意不能破坏树脂表面），打开出口使其缓慢流入柱内，液面再与树脂表面相齐时关闭。然后加少量 pH 5.3 柠檬酸缓冲液清洗内壁 2～3 次，使样品进入柱内。当样品完全进入树脂床内，保持流速 0.5～0.6mL/min 开始洗脱，并注意勿使树脂表面干燥。

5. 收集

洗脱液可用自动分部收集器或以刻度试管人工收集，按每管 4mL 收集 5 管。

6. 改用 pH 12.0 的 NaOH 缓冲液洗脱收集

关闭层析柱出口，将洗脱液更换为 0.1mol/L pH 12.0 NaOH 缓冲液，洗脱收集氨基酸按每管 4mL 收集第 6 管至第 12 管。

7. 测定

将收集的洗脱液各管编好号后，分别取 0.5mL 收集液于一干净试管中，加入柠檬酸缓冲液（pH 5.3）1mL，茚三酮显色液 0.5mL，混合后置沸水浴加热 15min，取出，用冷水冷却后，加 60% 乙醇溶液 3mL 稀释，摇匀后转至比色皿中，在波长 570nm 处比色。以蒸馏水做空白对照，读取各管吸光度 A_{570nm}。

8. 洗脱曲线的绘制

以吸光度为纵坐标，收集管内洗脱液累计体积（每管 4mL，故 4mL 为一个单位）为横坐标，绘制洗脱曲线。观察洗脱曲线，应该有三个洗脱峰。第一个洗脱峰为 Glu，其等电点为 3.22，在缓冲液 pH 5.3 时带负电，受到阳离子磺酸基团排斥率先被洗脱下来；第二个洗脱峰为 Lys，其等电点为 9.74，在缓冲液 pH 5.3 时带正电，与树脂的磺酸基团亲和力较高，故在通过树脂时，会被树脂吸附，之后在洗脱液的冲洗下逐渐与树脂脱离从而被洗脱出来；第三个洗脱峰为 Phe，其等电点为 5.48，在缓冲液 pH 为 5.3 时带正电，缓冲液 pH 变为 12.0 时带负电，使得它与树脂的磺酸基团结合后又解离，最后被洗脱下来。可以用这三种氨基酸的纯溶液为样品，按上述方法和条件分别操作，将得到的洗脱曲线与混合氨基酸的洗脱曲线对照，即可确定三个洗脱峰分别为何种氨基酸。

9. 树脂的再生

用 0.2mol/L NaOH 溶液洗层析柱，再用蒸馏水洗至中性，即可重复使用。回收树脂用 0.1mol/L NaOH 溶液浸泡保存。

五、注意事项

（1）装好的树脂柱不应有断层现象及气泡产生。

（2）一直保持流速 0.5～0.6mL/min，并注意勿使树脂表面干燥。

六、思考题

（1）简述离子交换层析分离氨基酸的原理。

（2）为什么混合氨基酸会从磺酸阳离子交换树脂上被逐个洗脱下来？

实验三　凝胶层析法分离纯化蛋白质

一、实验目的

了解凝胶层析的基本原理及其应用，并学会用凝胶层析分离纯化蛋白质。

二、实验原理

凝胶层析也称凝胶过滤、凝胶过滤层析、分子排阻层析和分子筛层析。凝胶是具有一定孔径的网状结构物质，凝胶层析是一种分子筛效应，主要用于分离分子大小不同的生物大分子以及测定其相对分子质量（M_r）。相对分子质量小的物质可通过凝胶网孔进入凝胶颗粒的内部，而相对分子质量大的物质不能进入凝胶内部，被排阻在凝胶颗粒之外，随着洗脱的进行，相对分子质量小的物质由于进入凝胶内部，不断地从一个网孔穿到另一个网孔，这样"绕道"而移动，走的路程长，被洗脱下来得慢（迁移速率慢），而相对分子质量大的物质因不能进入凝胶内部而随洗脱液从凝胶颗粒之间的空隙挤落下来，走的路程短，被洗脱下来得快（迁移速率快），这样就可达到分离的目的。

目前常用的凝胶有葡聚糖凝胶（商品名 Sephadex）、聚丙烯酰胺凝胶（商品名 Bio-

Gel P）、琼脂糖凝胶（Sepharose）。Sephadex有各种不同型号，用于分离相对分子质量大小不同的物质。葡聚糖凝胶又称交联葡聚糖凝胶，由许多右旋葡萄糖单位通过1,6-糖苷键连接成链状结构，再由交联剂交联而形成不溶于水的多孔网状高分子化合物，在合成凝胶时，调节葡聚糖和交联剂的配比，可以获得不同孔径大小的葡聚糖凝胶。用G表示交联度，G越大，网孔结构越紧密，吸水性差，膨胀也小，适用于小分子物质；G越小，网孔结构疏松，吸水量大，适用于分离大分子物质。本实验用Sephadex G-75（表6-2）分离胰岛素（M_r为6000）和牛血清白蛋白（M_r为75 000）。

表6-2　不同类型的葡聚糖凝胶的分离范围和应用

凝胶类型 （Sephadex）	分离范围（M_r） （肽或球状蛋白质）	应用	凝胶类型 （Sephadex）	分离范围（M_r） （肽或球状蛋白质）	应用
G-10	<700	去盐	G-75	3 000～70 000	中等蛋白质分离
G-15	<1 500	去盐	G-100	4 000～150 000	中等蛋白质分离
G-25	1 000～5 000	去盐	G-150	5 000～400 000	较大蛋白质分离
G-50	1 500～30 000	小分子蛋白质分离	G-200	5 000～800 000	较大蛋白质分离

三、实验器材

1. 材料

胰岛素和牛血清白蛋白混合液：称取0.5mg蓝色葡聚糖2000两份，放在2个称量瓶中，再称取胰岛素和牛血清白蛋白各5mg分别放在盛有蓝色葡聚糖2000的称量瓶中，各加入0.1mol/L pH6.8磷酸缓冲液0.5mL，充分溶解。

2. 试剂

（1）葡聚糖凝胶Sephadex G-75。

（2）2mg/mL蓝色葡聚糖2000溶液。

（3）洗脱液：0.1mol/L pH 6.8磷酸缓冲液。

（4）蒸馏水、0.5mol/L NaOH-0.5mol/L NaCl溶液、叠氮钠。

3. 器具

层析柱（1.25cm×25cm）、恒流泵、紫外检测仪、分部收集器、记录仪、玻璃棒、试管、称量瓶等。

四、实验步骤

1. 凝胶的处理

根据层析柱的体积和所选用的凝胶Sephadex G-75膨胀后的床体积称取所需凝胶干粉，加适量洗脱液，室温放置24h以上，期间数次更换洗脱液使凝胶充分吸水溶胀，或者沸水浴3h，这样可大大缩短溶胀时间，且可杀死细菌和排除凝胶内部的气泡。最后将不易沉下的较细的颗粒用倾斜法除去。

溶胀过程中注意不要过分搅拌，以防颗粒破碎。凝胶颗粒要求大小均匀，以达到流速稳定。

2. 装柱

将层析柱垂直装好，关闭出口，加入洗脱液约1cm高。将处理好的凝胶用等体积洗脱液搅成浆状，从层析柱顶部沿着柱内壁缓缓加入柱中，待底部凝胶沉积约1cm高时，再继续加入凝胶浆，至其沉积至一定高度（约19cm）即可。如表层凝胶凹凸不平时，可用玻璃棒轻轻搅动，让凝胶自然沉降，使表面平整。平衡10min。装柱要求连续，均匀，无气泡，无纹路。

3. 平衡

将洗脱液与恒流泵相连，恒流泵出口端与层析柱入口相连，用2～3倍柱床体积的洗脱液平衡，流速为0.5mL/min。平衡好后在凝胶表面放一片滤纸，以防加样时凝胶被冲起。

将层析柱平衡好之后可用蓝色葡聚糖2000检查层析行为，在层析柱内加1mL（2mg/mL）蓝色葡聚糖2000溶液，然后用洗脱液进行洗脱（流速0.5mL/min），若色带狭窄并均匀下降，说明装柱良好，然后再用2倍床体积的洗脱液平衡。

4. 加样与洗脱

打开层析柱出口开关，将柱中多余的液体放出，使液面刚好盖过凝胶，注意不可使柱床表面干涸。关闭出口，用滴管将1mL样品小心地加到柱床表面，注意加样时不要将床面冲起，亦不要沿柱壁加入。加完后打开出口开关，使液面降至与凝胶面相平时关闭出口开关，用少量洗脱液洗柱内壁2次，加洗脱液至液面高度4cm左右，打开恒流泵，连接好分部收集器和记录仪，调好流速（0.5mL/min），开始洗脱。

上样的体积，分析用量一般为柱床体积的1%～2%，制备用量一般为柱床体积的20%～30%。

5. 收集与测定

用分部收集器收集洗脱液，每管4mL。紫外检测仪280nm处检测，用记录仪绘制洗脱曲线。根据样品中两种蛋白质相对分子质量的大小判断各自的洗脱峰在洗脱曲线中的位置。

6. 凝胶柱的处理

一般将使用过的凝胶柱，反复用蒸馏水洗脱（2～3倍柱床体积）即可，若凝胶比较脏，需用0.5mol/L NaOH-0.5mol/L NaCl溶液洗涤，再用蒸馏水洗涤后置于4℃冰箱保存。冬季一般放2个月无长霉情况，但在夏季若不用，则要加0.02%的叠氮钠防腐。

五、注意事项

（1）装柱是分离成功与否的关键步骤。装好的柱要均匀，不能有断层、气泡或纹路，将柱管对着光照方向观察，若层析柱床不均匀，必须重新装柱。

（2）溶胀凝胶和洗脱时用的溶液应相同，否则凝胶体积会发生变化而影响分离效果。

（3）层析柱必须粗细均匀，柱管大小应根据实际需要选择。一般柱直径（内径）为1.0～1.5cm，如果样品量比较多，可用直径为2.0～3.0cm的柱。但是要注意直径太小时会发生"管壁效应"，即柱管中心部分的组分移动较慢，靠近管壁的组分移动较快，影响分离效果。一般来说，柱越长，分离效果越好，但柱过长，实验时间长而且样品稀释度大，易扩散，反而影响分离效果。

（4）流速亦受凝胶颗粒大小的影响，凝胶颗粒大时流速较大，但流速过大常导致洗脱峰形较宽，颗粒小时流速较慢，分离效果较好。在操作时应根据实际需要，在不影响分离效果的情况下，尽可能使流速不致太慢，以免时间过长。

六、思考题

（1）填装层析柱的关键是什么？怎样检查装柱是否均匀？

（2）影响层析分离效果的因素有哪些？

实验四 卵磷脂的提取和鉴定

一、实验目的
（1）了解卵磷脂的性质。
（2）学习和掌握提取卵磷脂粗制品的方法。

二、实验原理
　　卵磷脂又称磷脂酰胆碱，是甘油磷脂的一种，富含在机体的神经、精液、脑髓、肾上腺、心脏等中，在卵黄中约含10%。纯卵磷脂不溶于水，易溶于乙醇、氯仿、乙醚等有机溶剂，但不溶于丙酮。因此本实验采用用乙醇、乙醚为溶剂，丙酮为沉淀剂，从蛋黄中粗提卵磷脂后，通过抽滤浓缩干燥后最终获得卵磷脂。新提取得到的卵磷脂为白色蜡状物，与空气接触后因所含不饱和脂酸被氧化而呈黄褐色。卵磷脂中的胆碱在碱性溶液中可分解为三甲胺，而三甲胺具有特殊的鱼腥味，可用于卵磷脂的鉴定。薄层层析硅胶板也可以用于卵磷脂的鉴定。

三、实验器材
　　1. 材料
　　新鲜鸡蛋、纯品卵磷脂。
　　2. 试剂
　　（1）95%乙醇溶液。
　　（2）乙醚。
　　（3）10%氢氧化钠溶液。
　　（4）丙酮。
　　（5）无水乙醇。
　　（6）氯仿。
　　（7）甲醇。
　　（8）1%碘液：称取29.41g碘和5.88g碘化钾充分溶于蒸馏水500mL后贮于棕色试剂瓶中。
　　（9）蒸馏水。
　　3. 器具
　　带塞三角瓶、带塞锥形瓶（100mL）、滤纸、漏斗、水浴锅、蒸发皿、玻璃棒、试管、薄层层析硅胶板（2.5cm×10mm）、微量进样器、电吹风、小喷壶等。

四、实验步骤
　　1. 卵磷脂的提取
　　取一枚新鲜鸡蛋，将蛋清与蛋黄分离。称取蛋黄20g放入洁净的带塞三角瓶中，加入95%乙醇溶液80mL，搅拌15min后，静置15min；然后加入20mL乙醚，搅拌15min后，静置15min；过滤；滤渣进行二次提取，加入乙醇与乙醚（体积比为3∶1）的混合液60mL，搅拌、静置一定时间后第二次过滤，合并两次滤液并置于蒸发皿内在水浴锅上蒸干，在干物中加入一定量丙酮除杂，反复数次，挥发残余丙酮，即得到卵磷脂粗品，称量质量。

$$卵磷脂收率 = \frac{卵磷脂粗品质量}{蛋黄质量} \times 100\%$$

2. 卵磷脂的鉴定

（1）三甲胺实验：取步骤 1 制得的卵磷脂少许，放入干燥试管中，加入 10% 氢氧化钠溶液 2mL 后摇匀，并在水浴锅上加热 15min。注意观察是否有鱼腥味。另取一支干燥试管，加入少许卵磷脂溶于 1mL 无水乙醇中，再添加丙酮 1～2mL，观察现象。

（2）卵磷脂的薄层层析鉴定：按照氯仿∶甲醇∶蒸馏水＝65∶25∶4 的比例配制展层剂。将配好的展层剂倒入带塞的 100mL 锥形瓶中，高度约 0.5cm。塞好塞子，平衡10min。

用微量进样器将步骤 1 制得卵磷脂在距薄层层析硅胶板下部边缘 2cm 处点样 10μL，点样直径不超过 2mm。用纯品卵磷脂作为对照。待自然干燥后置于盛有展层剂的带塞锥形瓶中，塞好塞子，待展层剂距顶部 2cm 处取出并吹干后，用小喷壶均匀喷洒 1% 碘液并用吹风机吹干至黄色斑点出现。升华的碘遇磷脂后，显出黄色或棕黄色的斑点。

五、注意事项

在做卵磷脂的薄层层析鉴定实验时，注意展层剂液面不要高于点样线。

六、思考题

（1）卵磷脂的有哪些生物学功能？

（2）何谓薄层层析？它的原理和方法是什么？

第七章　生物大分子制备技术

第一节　生物大分子制备技术简介

生物大分子物质主要是指蛋白质（酶）和核酸；它们是生命现象的主要体现者，是当今生物科学研究的主要对象。

在生命活动中，蛋白质担负着生长、发育、繁殖、运输、运动、感觉和保护等一切的生命活动功能。酶是生物体内所有生物化学反应的催化剂，是维持机体新陈代谢最重要的保障，没有酶，新陈代谢将无法进行，生命将停止。由此可见，生命是蛋白质存在的表现，凡有生命的地方，都存在蛋白质。核酸是物种遗传信息的携带者。物种各种性状的遗传均由核酸分子上的碱基对来决定，性状的变异由核酸分子上的碱基对变化来实现。核酸的信息决定着蛋白质的合成，蛋白质（酶）又影响着核酸功能的活动。生物大分子之间相互识别、相互精巧搭配、相互作用、融洽配合是实现生命活动的基础。生物大分子之所以在生命活动中具有如此重要的功能，根本原因就在于它们具有特殊的化学结构。每种蛋白质都具有与其他蛋白质不同的结构。各个物种及各个个体之间核酸的核苷酸种类和排序各不相同。所以要揭示生命的本质只能从明确生物大分子物质的结构与功能开始，进而再认识生物大分子之间的相互关系。为此，需要将想要研究的生物大分子物质从生物中逐一制备出来，再去研究它们的结构与功能。

生物大分子的分离纯化与制备是一件十分细致而困难的工作，有时制备一种高纯度的蛋白质或核酸，要付出长期和艰苦的努力。由于各种生物大分子物理性质不同，在体内所处状态也不同，因此要分离制备一种生物大分子物质，至今没有一种统一的、放之四海而皆准的方法，尽管前人也创立了不少方法，有些方法带有很强的普遍性，但具体到每一个生物大分子，仍会具有自己的特性，因此不能生搬硬套，而是要具体情况具体对待。与化学产品的分离制备相比较，生物大分子的制备有以下主要特点。

（1）生物材料的组成极其复杂，常常包含有数百种乃至几千种化合物。其中许多化合物至今还尚未被了解，有待人们研究与开发。有的生物大分子在分离过程中还在不断代谢，所以分离纯化方法差别极大，要找到一种适合各种生物大分子分离制备的标准方法是不可能的。

（2）许多生物大分子在生物材料中的含量极微，只有万分之一、几十万分之一，甚至几百万分之一。分离纯化的步骤繁多，流程又长，有的目的产物要经过十几步、几十步的操作，才能达到所需纯度的要求。例如，由脑垂体组织取得某些激素的释放因子，要用几吨甚至几十吨的生物材料，才能提取出几毫克的样品。

（3）许多生物大分子一旦离开了生物体内的环境就极易失活，因此分离过程中如何防止其失活，是生物大分子提取制备过程中最困难之处。过酸、过碱、高温、剧烈的搅拌、强辐射及其本身的自溶等都会使生物大分子变性而失活，所以分离纯化时一定要选用最适宜的环境和条件。

（4）生物大分子的制备几乎都是在溶液中进行的，温度、pH、离子强度等各种参数对溶液中各组分的综合影响很难准确估计和判断，因而实验结果常有很大的经验成分，实验重复性的好坏、个人的实验技术水平和经验对实验结果会有较大的影响。

由于生物大分子的分离和制备是如此的复杂和困难，因此实验方法和流程的设计就必须尽可能多地查阅文献，参照前人所做的工作，才能达到预期的目的，探索中的失败和反复是不可避免的。生物大分子的制备通常可以按照以下步骤进行：①确定制备生物大分子的目的和要求，是进行科研、开发，还是要发现新的物质。②建立相应的可靠的分析测定方法，这是制备生物大分子的关键。③通过文献调研和前期预实验，掌握大分子目的产物的物理化学性质。④生物材料的破碎和预处理。⑤分离纯化方案的选择，这是最困难的过程。⑥生物大分子制备物均一性（即纯度）的鉴定，要求达到一维电泳一条带，二维电泳一个点，或 HPLC 和毛细管电泳都是一个峰。⑦产物的浓缩、干燥和保存。

制备生物大分子前，首先要了解生物大分子的物理、化学性质，主要有：①在水和各种有机溶剂中的溶解性。②在不同温度、pH 和各种缓冲液中生物大分子的稳定性。③冻干后以固态存在的生物大分子对温度和含水量的稳定性。④各种物理性质，如分子的大小、穿膜的能力、带电荷的情况、在电场中的行为、离心沉降的表现、在各种凝胶或树脂等填料中的分配系数等。⑤其他化学性质，如对各种水解酶的稳定性和对各种化学试剂的稳定性。⑥对其他生物分子的特殊亲和力等。

制备生物大分子的分离纯化方法多种多样，主要是利用它们之间特异性的差异，如分子的大小、形状、酸碱性、溶解性、溶解度、极性、电荷和与其他分子的亲和性等，表 7-1 列举了一些生物大分子性质与具体方法之间的关系。

表 7-1 生物大分子性质与方法之间的关系

性质	具体方法	性质	具体方法
分子大小和性状	差速离心、超滤、分子筛、透析	溶解度	盐析、有机溶剂抽提、分配层析、结晶
电荷差异	电泳、离子交换层析、等电点沉淀、吸附层析	生物功能专一性	亲和层析

各种方法的基本原理可以归纳为两个方面：一是利用混合物中几个组分分配系数的差异，把它们分配到两个或几个相中，如盐析、有机溶剂沉淀、层析和结晶等；二是将混合物置于某一物相（大多数是液相）中，通过物理力场的作用，使各组分分配于不同的区域，从而达到分离的目的，如电泳、离心、超滤等。目前纯化蛋白质等生物大分子的关键技术是电泳、层析和高速与超速离心。由于生物大分子不能加热熔化和气化，因此所能分配的物相只限于固相和液相，在此两相之间交替进行分离纯化。在实际工作中往往要综合运用多种方法，才能制备出高纯度的生物大分子。

生物大分子分析测定的方法主要有两类，即生物学和物理化学的测定方法。生物学的测定法主要有各种酶的活性测定方法、各种蛋白质含量的测定方法、免疫化学方法、放射性同位素示踪法等；物理化学方法主要有比色法、气相层析和液相层析法、光谱法（紫外 - 可见、红外和荧光等分光光度法）、电泳法以及核磁共振等。实际操作中尽可能多用仪器分析方法，以使分析更加快速、简便。生物大分子制备物的均一性（即纯度）的鉴定，通常只采用一种方法是不够的，必须同时用两到三种不同的纯度鉴定法才能确定。蛋白质和酶制成品纯度的鉴定最常用的方法是：SDS-PAGE 和等电聚焦电泳，如能再用 HPLC 和 CE 进行联合鉴定则更为理想，必要时再做 N 端氨基酸残基的分析鉴定，过去的溶解度法和高速离心沉降法现在已很少再用。核酸的纯度鉴定通常采用琼脂糖凝胶电泳和聚丙烯酰胺凝胶电泳，但最方便的还是紫外分光光度法，即测定样品在 pH 7.0 时 260nm 与 280nm 的吸光度（A_{260nm} 和 A_{280nm}），从 A_{260nm}/A_{280nm} 的值即可判断核酸样品的纯度。

生物大分子制备的具体步骤如下。

一、生物材料的选择

制备生物大分子，首先要选择适当的生物材料。材料的来源无非是动物、植物和微生物及其代谢产物。从工业生产角度选择材料，应选择含量高、来源丰富、制备工艺简单、成本低的原料，但往往这几方面的要求不能同时满足，含量丰富但来源困难，或含量来源较理想，但材料的分离纯化方法烦琐，流程很长，反倒不如含量低些但易于获得纯品的材料，由此可见，必须根据具体情况，抓住主要矛盾决定取舍。从科研工作的角度选材，则只需考虑材料的选择符合实验预定的目标要求即可。除此之外，选材还应注意植物的季节性、地理位置和生长环境等。选动物材料时要注意其年龄、性别、营养状况、遗传素质和生理状态等。动物在饥饿时脂类和糖类含量相对减少，有利于生物大分子的提取分离。选微生物材料时要注意菌种的代数和培养基成分等之间的差异。例如，在微生物的对数期，酶和核酸的含量较高，可获得较高的产量。

材料选定后要尽可能保持新鲜，尽快加工处理。动物材料主要来自组织器官和体液。例如，制备细胞色素 c 蛋白，主要选用含量最多的动物心脏组织；提取胰蛋白酶则选用动物的胰；要获得猪生长激素的 mRNA 则选用猪的腺垂体；制备抗体蛋白主要选用免疫动物的血液；动物血液是血红蛋白的主要来源。提取动物组织要先除去结缔组织、脂肪等非活性部分，绞碎后在适当的溶剂中提取，如果所要求的成分在细胞内，则要先破碎细胞。植物材料要先去壳、除脂。微生物材料要及时将菌体与发酵液分开。生物材料如暂不提取，应冰冻保存。其中，动物材料需深度冷冻保存。

二、细胞的破碎

细胞中大多数成分如 DNA、RNA、蛋白质等，都需要首先破碎细胞，做成组织匀浆后才能进行分离和提取。所以在生物化学实验中，破碎组织细胞，使细胞内容物悬浮于缓冲液中形成混悬液是重要的操作之一。

不同的生物体或同一生物体不同部位的组织，其细胞破碎的难易程度不同，使用的方法也不相同。常用的方法有以下几种。

1. 机械法

（1）研磨法：研磨是破碎单一细胞的有效措施。借助研磨中磨料和细胞间的剪切力及碰撞作用破碎细胞。常用的磨料为石英砂和氧化铝。目前已有用玻璃珠代替磨料来进行珠磨，这种方法比较温和，适宜实验室使用。

（2）匀浆：匀浆是机体软组织破碎常用的方法之一，主要是通过固体剪切力对组织和细胞进行破碎，将生物大分子释放进入溶液。可用的匀浆器主要有 4 种类型：刀片式组织破碎匀浆器、内切式匀浆器、玻璃匀浆器和高压匀浆器。

将新鲜离体的组织器官洗去血污，弃除其他组织，可加入适当的溶液，直接用玻璃匀浆器磨成匀浆，或加入少量石英砂研磨成匀浆。此法多用于肝等柔软组织。

制作组织匀浆需要在低温下进行。组织器官离体后就应放置于冰冷溶液中处理，匀浆时，匀浆器相互摩擦而产生高热，易使酶变性，所以在匀浆器轴的中空部要放入冰盐溶液，匀浆器外套管也应用冰盐溶液冷却。

（3）组织捣碎法：这是一种用组织捣碎机（即高速分散器）破碎细胞的方法。该法的优点是快速，但应注意由于瞬间高温可能会引起蛋白质的变性，多用于心脏等坚实组织。操作时，也可先用组织捣碎机捣成粗组织糜，而后再用玻璃匀浆器磨碎。

2. 物理法

（1）反复冻融法：将待破碎的细胞冷至 $-20 \sim -15℃$，然后放于室温（或 $40℃$）迅速融化，如此反复多次，由于细胞内形成冰粒使剩余细胞液的盐浓度升高而引起细胞溶胀破碎。本法多用于红细胞的破碎。

（2）超声波法：此法是借助超声波的振动力破碎细胞壁和细胞器。破碎微生物和酵母菌的时间要长一些。

（3）压榨法：这是一种温和的、彻底破碎细胞的方法。在 $1 \times 10^8 \sim 2 \times 10^8 Pa$ 的高压下使几十毫升的细胞悬液从高压室的环状隙高速喷射到静止的撞击环上，被迫改变方向经出口管流出，细胞将彻底破碎。这是一种较理想的破碎细磨的方法，但仪器费用较高。

（4）冷热交替法：从细菌或病毒中提取蛋白质和核酸时用此法。在 $90℃$ 左右维持数分钟，立即放入冰浴中使之冷却，如此反复多次，绝大部分细胞可以被破碎。

3. 化学与生物化学方法

（1）自溶法：将新鲜的生物材料存放于一定的 pH 和适当的温度下，细胞结构在自身所具有的各种水解酶（如蛋白酶和酯酶等）的作用下发生溶解，使细胞内含物释放出来，此法称为自溶法。使用时要特别小心操作，因为水解酶不仅可以破坏细胞壁和细胞膜，同时也可能会分解某些要提取的有效成分。

（2）溶胀法：细胞膜为天然的半透膜，在低渗溶液和低浓度的稀盐溶液中，由于存在渗透压差，溶剂分子大量进入细胞，将细胞膜胀破释放出细胞内含物。

（3）酶解法：利用各种水解酶，如溶菌酶、纤维素酶、蜗牛酶和酯酶等，于 $37℃$ 和 pH=8 条件下，处理 15min 可以专一性地将细胞壁分解，释放出细胞内含物，此法适用于多种微生物。例如，从某些细菌细胞提取质粒 DNA 时，可采用溶菌酶（来自蛋清）破碎细胞壁；而在破碎酵母细胞时，常采用蜗牛酶（来自蜗牛），将酵母细胞悬于 0.1mmol/L 柠檬酸 - 磷酸二氢钠缓冲液（pH 5.4）中，加 1%（质量分数）巯基乙醇效果会更好。此法可以与研磨法联合使用。

（4）有机溶剂处理法：利用氯仿、甲苯、丙酮等脂溶性溶剂或 SDS（十二烷基硫酸钠）等表面活性剂处理细胞，可将细胞膜溶解，从而使细胞破裂。此法可以与研磨法联合使用。

三、生物大分子的提取

提取是在分离纯化之前将经过预处理或破碎的细胞置于溶剂中，使被分离的生物大分子充分地释放到溶剂中，并尽可能保持原来的天然状态而不丢失生物活性的过程。这一过程是将目的产物与细胞中其他化合物和生物大分子分离,即由固相转入液相,或从细胞内的生理状况转入外界特定的溶液中。

影响提取的因素主要有:①目的产物在提取溶剂中溶解度的大小。②由固相扩散到液相的难易程度。③溶剂的 pH 和提取时间等。一种物质在某一溶剂中溶解度的大小与该物质的分子结构及所用溶剂的理化性质有关。一般情况下,极性物质易溶于极性溶剂,非极性物质易溶于非极性溶剂;碱性物质易溶于酸性溶剂,酸性物质易溶于碱性溶剂;温度升高,溶解度加大;在 pH 远离等电点的溶剂中,溶解度增加。提取时所选择的条件应有利于目的产物溶解度的增加和保持其生物活性。

1. 水溶液提取

蛋白质和酶的提取一般以水溶液为主。稀盐溶液和缓冲液对蛋白质的稳定性好,溶解度大,是提取蛋白质和酶最常用的溶剂。用水溶液提取生物大分子应注意以下几个主要影响因素。

(1)盐浓度(即离子强度):离子强度对生物大分子的溶解度有极大的影响,有些物质,如 DNA- 蛋白质复合物,在高离子强度下溶解度增加,而另一些物质,如 RNA-蛋白质复合物,在低离子强度下溶解度增加,在高离子强度下溶解度减小。绝大多数蛋白质和酶,在低离子强度的溶液中都有较大的溶解度,如在纯水中加入少量中性盐,蛋白质的溶解度比在纯水中大大增加,称为"盐溶"现象。但在中性盐的浓度增加至一定时,蛋白质的溶解度又逐渐下降,直至沉淀析出,称为"盐析"现象。盐溶现象的产生主要是少量离子的活动减少了偶极分子之间极性基团的静电吸引力,增加了溶质和溶剂分子间相互作用力的结果。所以低盐溶液常用于大多数生化物质的提取。通常使用 $0.02 \sim 0.05 mol/L$ 磷酸盐缓冲液或碳酸盐缓冲液或 $0.09 \sim 0.15 mol/L$ NaCl 溶液提取蛋白质和酶。不同的蛋白质极性大小不同,为了提高提取效率,有时需要降低或提高溶液的极性。向水溶液中加入蔗糖或甘油可使其极性降低,增加离子强度如加入 KCl、NaCl、NH_4Cl 或($NH_4)_2SO_4$,可以增加溶液的极性。

(2)pH:蛋白质、酶与核酸的溶解度和稳定性与 pH 有关。过酸、过碱均应尽量避免。一般控制 pH 为 $6 \sim 8$,提取溶剂的 pH 应在蛋白质和酶的稳定范围内,通常选择偏离等电点的两侧,碱性蛋白质选在偏酸一侧,酸性蛋白质选在偏碱一侧,以增加蛋白质的溶解度,提高提取效率。例如,胰蛋白酶为碱性蛋白质,常用稀酸提取,而肌肉甘油醛 -3- 磷酸脱氢酶属酸性蛋白质,则常用稀碱来提取。

(3)温度:为防变性和降解,制备具有活性的蛋白质和酶,提取时一般在 $0 \sim 5℃$ 低温操作。但少数对温度耐受力强的蛋白质和酶,可提高温度使杂蛋白变性,有利于提取和下一步的纯化。

(4)蛋白酶或核酸酶的降解作用:在提取蛋白质、酶和核酸时,常常受自身存在的蛋白酶或核酸酶的降解作用而导致实验的失败。为防止这一现象的发生,常常采用加入抑制剂或调节提取液的 pH、离子强度或极性等方法使这些酶失去活性,防止它们对欲提纯的蛋白质、酶及核酸进行降解。例如,在提取 DNA 时加入 EDTA,可络合 DNA 酶活化所必需的 Mg^{2+}。

(5)搅拌与氧化:搅拌能促使被提取物的溶解,一般采用温和搅拌为宜,速度太快容易产生大量泡沫,增大与空气的接触面,会引起酶等物质的变性失活。因为一般蛋白质都含有相当数量的巯基，有些巯基常常是活性部位的必需基团，若提取液中有氧化剂或与空气中的氧气接触过多都会使巯基氧化为分子内或分子间的二硫键，导致蛋白质活性的丧失，因此常常在提取液中加入少量巯基乙醇或半胱氨酸以防止巯基氧化。

2. 有机溶剂提取

一些和脂类结合比较牢固或分子中非极性侧链较多的蛋白质和酶难溶于水、稀盐、稀酸或稀碱，常用不同比例的有机溶剂提取。常用的有机溶剂有乙醇、丙酮、异丙醇、正丁酮等，这些溶剂可以与水互溶或部分互溶，同时具有亲水性和亲脂性，其中正丁醇在 0℃时在水中的溶解度为 10.5%，40℃时为 6.6%，同时又具有较强的亲脂性，因此常用来提取与脂结合较牢或含非极性侧链较多的蛋白质、酶和脂类。例如，植物种子中的玉蜀黍蛋白、麸蛋白，常用 70%～80% 乙醇溶液提取，动物组织中一些线粒体及微粒上的酶常用丁醇提取。

有些蛋白质和酶既溶于稀酸、稀碱，又溶于含有一定比例有机溶剂的水溶液中，在这种情况下，采用稀有机溶液提取常常可以防止水解酶的破坏，并兼有除去杂质提高纯化效果的作用。例如，胰岛素可溶于稀酸、稀碱和稀醇溶液，但在组织中与其共存的糜蛋白酶对胰岛素有极高的水解活性，因而采用 6.8% 乙醇溶液并用草酸调节溶液的 pH 至 2.5～3.0 进行提取，这样就从以下三个方面抑制了糜蛋白酶的水解活性：① 6.8% 的乙醇溶液可以使糜蛋白酶暂时失活。②草酸可以除去激活糜蛋白酶的 Ca^{2+}。③ pH 2.5～3.0 是糜蛋白酶不宜作用的 pH。以上条件对胰岛素的溶解和稳定性都没有影响，却可除去一部分在稀醇与稀酸中不溶解的杂蛋白。

四、生物大分子的分离纯化

生物大分子的分离纯化是现代生物学研究及日常生产中经常面临的问题，由于生物体的组成存在多样性、复杂性，数千种乃至上万种生物分子又处于同一体系中，因此不可能有一个适合于各类分子的固定的分离程序，但多数分离工作的基本思路和试验手段都是相同的。在分离纯化流程中，早期和后期的分离纯化方法的选择有明显的不同（表 7-2）。

表 7-2 主要分离纯化方法的比较

方法	原理	优点	缺点	应用范围
沉淀法	蛋白质的沉淀作用	操作简便、成本低廉、对蛋白质和酶有保护作用，重复性好	分辨力差、纯化倍数低、蛋白质沉淀中混杂大量盐分	蛋白质和酶的分级沉淀
有机溶剂沉淀	脱水作用和降低介电常数	操作简便、分辨率较强	对蛋白质或酶有变性作用，成本较高	各级生物大分子的分级沉淀
选择性沉淀	等电点、热变性、酸碱变性及沉淀作用	选择性较强，方法简便，种类较多	应用范围较窄	各种生物大分子的沉淀
结晶法	溶解度达到饱和，溶质形成规则晶体	纯化效果好，可除去微量杂质，方法简单	样品的纯度、浓度都要很高，时间长	蛋白质或酶
吸附层析	化学、物理吸附	操作简便	易受离子干扰	各种生物大分子的分离、脱色和去热原

方法	原理	优点	缺点	应用范围
离子交换层析	离子基团的交换	分辨率高、处理量大	需酸碱处理树脂，平衡洗脱时间长	能带电荷的生物大分子
凝胶过滤层析	分子筛的排阻效应	分辨率高、不会引起变性	各种凝胶价格昂贵、处理量有限	分子质量有明显差别的可溶性生物大分子
分配层析	溶质在固定相和流动相分配系数的差异	分辨率高、重复性好、能分离微量物质	影响因子多，上样量太小	用于各种生物大分子的分析鉴定
亲和层析	生物大分子与配体之间有特殊亲和力	分辨率很高	一种配体只能用于一种生物大分子，局限性大	各种生物大分子
等电聚焦连续电泳	等电点的差异	分辨率很高，用于连续生产	仪器试剂昂贵	蛋白质和酶
高速离心和超速离心	沉降系数或密度的差异	操作方便，容量大	离心机设备昂贵	各种生物大分子
超滤	分子质量大小的差异	操作方便，可连续生产	分辨率低，只能部分纯化	各种生物大分子
制备 HPLC	凝胶过滤、离子交换、反向层析	分辨率很高，直接制备出纯品	制备柱和 HPLC 仪器昂贵	各种生物大分子

对于早期的分离纯化来说，具备以下特点：①粗提液中物质成分十分复杂。②欲制备的生物大分子浓度很低。③物理化学性质相近的物质很多。④希望能够除去大部分与目的产物物理化学性质差异大的杂质。

对所选方法的要求来说要注意以下几点：①要快速、粗放。②能较大地缩小体积。③分辨率不必太高。④负荷能力要大。

可选用的方法有：吸附、萃取、沉淀法（热变性、盐析、有机溶剂沉淀等）、离子交换（批量吸附）、亲和层析等。

以沉淀法为例，沉淀是溶液中的溶质由液相变成固相析出的过程。沉淀法是分离纯化生物大分子，特别是制备蛋白质和酶时最常用的方法。其基本原理是根据不同物质在溶剂中的溶解度不同而达到分离的目的，不同溶解度是溶质分子之间及溶质与溶剂分子之间亲和力的差异而引起的，溶解度的大小与溶质和溶剂的化学性质及结构有关，溶剂组分的改变或加入某些沉淀剂，以及改变溶液的 pH、离子强度和极性都会使溶质的溶解度产生明显的改变。

最常用的几种沉淀方法有：盐析法（中性盐沉淀），多用于各种蛋白质和酶的分离纯化；有机溶剂沉淀法，多用于蛋白质和酶、多糖、核酸，以及生物小分子的分离纯化；选择性变性沉淀法（热变性沉淀和酸碱变性沉淀），多用于除去某些不耐热的和在一定 pH 下易变性的杂蛋白；等电点沉淀法，多用于氨基酸、蛋白质及其他两性物质的沉淀，但此法单独应用较少，多与其他方法结合使用；有机聚合物沉淀是发展较快的一种新方法，主要使用聚乙二醇（polyethlyene glycol，PEG）作为沉淀剂。

1. 盐析法

（1）盐析法的原理是蛋白质在高浓度盐溶液中，随着盐浓度的逐渐增加，蛋白质由于水化膜被破坏、溶解度下降而从溶液中沉淀出来。各种蛋白质的溶解度不同，因而可利用不同浓度的盐溶液来沉淀分离各种蛋白质。

（2）盐析法的操作方法：最常用固体硫酸铵加入法。欲从较大体积的粗提液中沉淀蛋白质时，往往使用固体硫酸铵，加入之前要先将其研成细粉，不能有块，要边搅拌边缓慢混匀并少量多次地加入，尤其到接近计划饱和度时，加盐的速度一定要慢一点，尽量避免局部硫酸铵浓度过大而造成不应有的蛋白质沉淀。盐析后要在冰浴中放置一段时间，待沉淀完全后再离心和过滤。在低浓度硫酸铵中盐析可采用离心分离，高浓度硫酸铵常采用过滤法，因为高浓度硫酸铵密度太大，要使蛋白质完全沉降下来需要较高的离心速度和较长的离心时间。

（3）盐析曲线的制作：如果要分离一种新的蛋白质或酶，没有文献数据可以借鉴，则应先确定沉淀该物质的硫酸铵饱和度。具体操作方法如下：取已定量测定蛋白质（酶）的活性与浓度的待分离样品溶液，冷却至 $0 \sim 5 \, ℃$，调至该蛋白质（酶）稳定的 pH，分 6～10 次分别加入不同量的硫酸铵，第一次加硫酸铵至蛋白质（酶）溶液刚开始出现沉淀时，记下所加硫酸铵的量，这是盐析曲线的起点。继续加硫酸铵至溶液微微混浊时，静置一段时间，离心得到第一个沉淀级分，然后取上清再加至混浊，离心得到第二个级分，如此连续可得到 6～10 个级分，按照每次加入硫酸铵的量，查出相应的硫酸铵饱和度。将每一级分沉淀物分别溶解在一定体积的 pH 适宜的缓冲液中，测定其蛋白质含量或酶活力。以每个级分的蛋白质含量或酶活力对硫酸铵饱和度作图，即可得到盐析曲线。

（4）盐析的影响因素。

A．蛋白质的浓度：中性盐沉淀蛋白质时，溶液中蛋白质的实际浓度对分离的效果有较大的影响。通常高浓度的蛋白质用稍低的硫酸铵饱和度即可将其沉淀下来，但若蛋白质浓度过高，则易产生各种蛋白质的共沉淀作用，除杂蛋白的效果会明显下降。对低浓度的蛋白质，要使用更大的硫酸铵饱和度，共沉淀作用小，分离纯化效果较好，但回收率会降低。通常认为比较适中的蛋白质浓度是 2.5%～3.0%（质量分数），相当于 25～30mg/mL。

B．pH：蛋白质所带净电荷越多，它的溶解度就越大。改变 pH 可改变蛋白质的带电性质，因而就改变了蛋白质的溶解度。远离等电点处溶解度大，在等电点处溶解度小，因此用中性盐沉淀蛋白质时，pH 常选在该蛋白质的等电点附近。

C．温度：温度是影响溶解度的重要因素，对于多数无机盐和小分子有机物，温度升高溶解度加大，但对于蛋白质、酶和多肽等生物大分子，在高离子强度溶液中，温度升高，它们的溶解度反而减小。在低离子强度溶液或纯水中蛋白质的溶解度大多数还是随浓度升高而增加的。在一般情况下，对蛋白质盐析的温度要求不严格，可在室温下进行。但对于某些对温度敏感的酶，要求在 $0 \sim 4 \, ℃$ 下操作，以免活力丧失。

（5）盐析法提纯蛋白质时应考虑以下几个条件的选择。

A．盐的种类：蛋白质盐析常用中性盐，主要有硫酸铵、硫酸镁、硫酸钠、氯化钠、磷酸钠等。

应用最广泛的是硫酸铵。硫酸铵的优点如下。①溶解度大：25℃时硫酸铵的溶解度可达 4.1mol/L 以上，大约每升水可溶解 767g。在这一高溶解度范围内，许多蛋白质和酶都可以被盐析沉淀出来。②温度系数小：硫酸铵的溶解度受温度影响不大。例如，0℃时，硫酸铵的溶解度仍可达到 3.9mol/L 以上，大约每升水可溶解 676g。对于需要在低温条件下进行纯化来说的酶，应用硫酸铵是有利条件。③硫酸铵不易引起蛋白质变性：对于很多种酶还有保护作用。有的酶或蛋白质用 2～3mol/L 的硫酸铵可保存数年之久。④价格低廉，容易获得，废液不污染环境。但是硫酸铵的缺点是铵离子会干扰双缩脲反应，为蛋白质的定性分析造成一定困难。

B. 盐的浓度：分段盐析法是通过改变盐的浓度达到分离目的，应该将盐的浓度准确地分步提高到各种蛋白质所需的浓度。盐的浓度常用饱和度表示，饱和溶液定为 100%。调整硫酸铵溶液饱和度的方法有计算、查表两种。

计算法：如 S_2 为所需达到的饱和度，S_1 为原来的饱和度，V 为达到所需饱和度的溶液体积，V_0 为原来的体积，则

$$V = V_0 \frac{S_2 - S_1}{1 - S_2}$$

体积的改变造成的误差小于 2%，可以忽略不计。

查表法：各种饱和度需加入固体硫酸铵的量可从附录 3 中直接查到。硫酸铵浓度是以饱和溶液的百分比表示，称为百分饱和度，而不是实际的克数。这是由于当固体硫酸铵实际加入水溶液中时，会出现相当大的非线性体积变化，计算浓度相当麻烦。为了克服这一困难，有人经过精准测量，确定出 1L 纯水提高到不同浓度所需加入硫酸铵的量，即附录 3 中的实验数据以饱和浓度的百分比表示，使用起来十分方便。

2. 有机溶剂沉淀法

（1）有机溶剂对于许多蛋白质（酶）、核酸、多糖都能发生沉淀作用，有机溶剂沉淀法是较早使用的沉淀法之一。其原理主要是降低水溶液的介电常数，溶剂的极性与其介电常数密切相关，极性越大，介电常数越大，如 20℃时水的介电常数为 80，而乙醇和丙酮的介电常数分别是 24 和 21.4，因而向溶液中加入有机溶剂能降低溶液的介电常数，减小溶剂的极性，从而削弱了溶剂分子与蛋白质分子间的相互作用力，增强了蛋白质分子间的相互作用，导致蛋白质溶解度降低而沉淀。溶液介电常数的减少就意味着溶质分子异性电荷库仑力的增加，使带电溶质分子更易互相吸引而凝集，从而发生沉淀。由于使用的有机溶剂与水互溶，它们在溶解于水的同时从蛋白质分子周围的水化层中夺走了水分子，破坏了蛋白质分子的水膜，因而发生沉淀作用。

有机溶剂沉淀法的优点是：①分辨能力比盐析法高，即一种蛋白质或其他溶质只在一个比较窄的有机溶剂浓度范围内沉淀。②沉淀不用脱盐，过滤比较容易（如有必要，可用透析袋脱有机溶剂）。因而此法在生化制备中有广泛的应用。其缺点是对某些具有生物活性的大分子容易引起变性失活，操作需在低温下进行。

（2）有机溶剂的选择和浓度的计算：用于生化制备的有机溶剂必须要能与水互溶。沉淀蛋白质和酶常用的是乙醇、甲醇和丙酮。沉淀核酸、糖、氨基酸和核苷酸最常用的沉淀剂是乙醇。

进行沉淀操作时，欲使溶液达到一定的有机溶剂的体积分数，需要加入的有机溶剂的体积分数和体积可按下式计算：

$$V = \frac{V_0 (S_2 - S_1)}{(100 - S_2)}$$

式中，V 为需加入 100% 体积分数的有机溶剂量；V_0 为原溶液体积；S_1 为原溶液中有机溶剂的体积分数；S_2 为所要求达到的有机溶剂的体积分数；100 是指加入的有机溶剂的

体积分数为 100%，如所加入的有机溶剂的体积分数为 95%，上式的（$100-S_2$）应改为（$95-S_2$）。

上式的计算由于未考虑混溶后体积的变化和溶剂的挥发情况，实际上存在一定的误差。有时为了获得沉淀而不着重于进行分离，可用溶液体积的倍数：如加入等体积或 2 倍、3 倍原溶液体积的有机溶剂，来进行有机溶剂沉淀。

（3）有机溶剂沉淀的影响因素。

A. 温度：大多数生物大分子如蛋白质、酶和核酸在有机溶剂中对温度特别敏感，温度稍高就会引起变性，且有机溶剂与水混合时产生放热反应，因此有机溶剂必须预先冷却至较低温度，操作要在冰盐浴中进行，加入有机溶剂时必须缓慢且不断搅拌以免局部过浓。一般规律是温度越低，得到的蛋白质活性越高。

B. 样品浓度：样品浓度对有机溶剂沉淀生物大分子的影响与盐析的情况相似，低浓度样品回收率低，是因为其需要比例更大的有机溶剂进行沉淀，且样品的损失较大，具有生物活性的样品易产生稀释变性。但对于低浓度的样品，杂蛋白与样品共沉淀的作用小，有利于提高分离效果。反之，对于高浓度的样品，可以节省有机溶剂，减少变性的危险，但杂蛋白的共沉淀作用小，分离效果下降。通常情况下，使用 5～20mg/mL 的蛋白质初浓度可以得到较好的沉淀分离效果。

C. pH：选择在样品稳定的 pH 范围内进行，通常是选在等电点附近，从而提高此沉淀法的分辨能力。

D. 离子强度：盐浓度太大或太小都有不利影响，通常盐浓度以不超过 5% 为宜，使用乙醇的量也以不超过原蛋白质水溶液的 2 倍体积为宜，少量的中性盐对蛋白质变性有良好的保护作用，但盐浓度过高会增加蛋白质在水中的溶解度，降低了沉淀效果，通常是在低浓度缓冲液中沉淀蛋白质。

3. 选择性变性沉淀法

这一方法是利用目的生物大分子与非目的生物大分子在物理或化学性质等方面的差异，选择一定的条件使杂蛋白等非目的物变性沉淀而得到分离提纯。

（1）热变性：利用目的和非目的生物大分子对热的稳定性不同，加热升高温度使非目的生物大分子变性沉淀而保留目的物在溶液中。

（2）表面活性剂和有机溶剂变性：使那些对表面活性剂和有机溶剂敏感的杂蛋白变性沉淀。通常在冰浴或冷室中进行。

（3）选择性酸碱变性：利用对 pH 的稳定性不同而使杂蛋白变性沉淀。通常是在分离纯化流程中附带进行的分离纯化步骤。

4. 等电点沉淀法

两性电解质具有不同等电点，在达到电中性时溶解度最低，易发生沉淀，从而实现分离的方法叫等电点沉淀法。氨基酸、蛋白质、酶和核酸都是两性电解质，可以利用此法进行初步的沉淀分离。

由于许多蛋白质的等电点十分接近，而且带有水膜的蛋白质等生物大分子仍有一定的溶解度，不能完全沉淀析出，因此，单独使用此法分辨率较低，因而此法常与盐析法、有机溶剂沉淀法或其他沉淀剂配合使用，以提高沉淀能力和分离效果。此法主要用于在分离纯化流程中去除杂蛋白，而不用于沉淀目的物。

沉淀所得的固体样品，如果不须立即溶解进行下一步的分离，则应尽可能抽干沉淀，减少其中有机溶剂的含量，如若必要，可以装透析袋透析脱去有机溶剂，以免其影响样品的生物活性，以透析和超滤（dialysis and ultrafiltration）为例。

（1）透析：透析是利用蛋白质等生物大分子能透过半透膜而进行纯化的一种方法。

透析的具体操作为将含盐的生物大分子溶液装入透析袋内，并将袋口扎好放入装有蒸馏水的大容器中，搅拌蒸馏水不断流动，经过一段时间后，透析袋内除大分子外，小分子盐类透过半透膜进入蒸馏水中，使膜内外盐浓度达到平衡。例如，在透析过程中更换几次大容器中的液体，可以使透析袋内部达到脱盐的目的。脱盐透析是应用最广泛的一种透析方法。

平衡透析是常用的透析方法之一，具体操作是将装有生物大分子的透析袋装入盛有一定浓度的盐溶液或缓冲液的大容器中，经过透析，袋内外的盐浓度（或缓冲液 pH）一致，从而有控制地改变被透析溶液的盐浓度（或 pH）。

（2）超滤：超过滤是利用具有一定大小孔径的微孔滤膜，对生物大分子溶液进行过滤（常压、加压或减压），使大分子保留在超滤膜上面的溶液中，小分子物质及水过滤出去，从而达到脱盐或浓缩的目的。这种利用超滤膜过滤分离大分子和小分子物质的方法叫做超滤法。

超滤自 20 世纪 20 年代问世，60 年代以来发展迅速，很快由实验室规模的分离手段发展成重要的工业单元操作技术。超滤现已成为一种重要的生物化学实验技术，在生物大分子的制备技术中，主要用于生物大分子的脱盐、脱水和浓缩等。

超滤法的关键是膜。常用的膜是由乙酸纤维或硝酸纤维或此二者的混合物制成。近年来发展了非纤维型的各向异性膜，如聚砜膜、聚砜酰胺膜和聚丙烯腈膜等。超滤膜在 pH1～14 都是稳定的，且能在 90℃下正常工作。超滤膜通常是比较稳定的，能连续用 1～2 年。

超滤法的优点是操作简便，成本低廉，不需增加任何化学试剂，尤其是其实验条件温和，与蒸发、冰冻干燥相比没有相的变化，而且不引起温度、pH 的变化，因而可以防止生物大分子的变性、失活和自溶。

超滤法也有一定的局限性，它不能直接得到干粉制剂。对于蛋白质溶液，一般只能达到 10%～50% 的浓度。另外，由于超滤法处理的液体多数含有水溶性生物大分子、有机胶体、多糖及微生物等，这些物质极易黏附和沉积于膜表面，造成严重的浓差极化和堵塞。这是超滤法最关键的问题，要克服浓差极化，通常可加大液体流量，加强湍流和搅拌。

对于后期分离纯化而言，可选用的方法有：吸附层析、盐析、凝胶过滤层析、离子交换层析、亲和层析、等电聚焦连续电泳、制备 HPLC 等。

要注意的问题如下。①盐析后要及时脱盐。②用凝胶过滤层析时如何缩小上样体积，因为凝胶层析柱的上样体积只能是柱床体积的 1/10～1/6，也可以使用串联柱加大柱床体积。③必要时也可以重复使用同一种分离纯化方法，如分级有机溶剂沉淀、分级盐析，连续两次凝胶过滤或离子交换层析。④分离纯化步骤前后要有科学的安排和衔接，尽可能减少工作，提高效率。例如，吸附不能放在盐析之后，以免大量盐离子影响吸附效率；离子交换要放在凝胶过滤之前，因为离子交换层析的上样量可以不受限制，只要不超过柱交换容量即可。⑤分离纯化后期，目的产物的纯度和浓度都大大提高，此时很多敏感的酶极易变性失活，操作步骤要连续、紧凑，尽可能在低温下（如在冷室中）进行。⑥低压冻干法得到最终产品。生物大分子通常遇热不稳定，极易变性，浓缩和干燥的生物大分子不能用加热蒸发的方法，因此减压浓缩和冷冻干燥已成为生物大分子制备过程中常用的浓缩干燥技术。通过冷冻干燥所得的产品能够保持生物大分子物质的天然性质，还具有疏松、易于溶解的特性，便于保存和应用。这是保存生物大分子最常用，也是最好的方法。

五、样品的保存

生物大分子制成品的正确保存极为重要，一旦保存不当，辛辛苦苦制成的样品失活、变性、变质，将导致全部制备工作前功尽弃。

1. 影响生物大分子样品保存的主要因素

（1）空气：空气的影响主要是潮解、微生物污染和自动氧化。空气中微生物的污染可使样品腐败变质，样品吸湿后会引起潮解变性，同时也为微生物污染提供了有利的条件。某些样品与空气中的氧接触会自发引起自由基链式反应，还原性强的样品易氧化变质和失活，如维生素C、巯基酶等。

（2）温度：每种生物大分子都有其稳定的温度范围，温度升高10℃，氧化反应加快数倍，酶促反应增加1～3倍。因此通常绝大多数样品都是低温保存，以抑制氧化、水解等化学反应和微生物的生成。

（3）水分：包括样品本身所带的水分和由空气中吸收的水分。水可以参加水解、酶解、水合和加合，加速氧化、聚合、离解和霉变。

（4）光：某些生物大分子可以吸收一定波长的光，使分子活化，不利于样品保存。尤其日光中的紫外线能量大，对生物大分子制品影响最大。样品受光催化的反应有变色、氧化和分解等，通称光化作用。因此样品通常都要避光保存。

（5）样品的pH：保存液态样品时注意其稳定的pH范围，通常可从文献和手册中查得或做实验求得，因此正确选择保存液态样品的缓冲剂的种类和浓度就十分重要。

（6）时间：生化和分子生物学样品不可能永久存活，不同的样品有其不同的有效期，因此，保存的样品必须写明日期，以便定期检查和处理。

2. 蛋白质和酶的保存举例

（1）低温下保存：由于多数蛋白质和酶对热敏感，通常35℃以上就会失活，冷藏于冰箱一般只能保存一周左右，而且蛋白质和酶越纯越不稳定，溶液状态比固态更不稳定。因此，通常要保存于−20～−5℃，如能在−70℃下保存则最为理想。极少数酶可以耐热，如核糖核酸酶可以短时煮沸，胰蛋白酶在稀HCl中可以耐受90℃，蔗糖酶在50～60℃可以保持15～30min不失活。还有少数酶对低温敏感，如鸟苷丙酮酸羧化酶25℃稳定，低温下失活；过氧化氢酶要在0～4℃保存，冰冻则失活；羧肽酶反复冻融会失活等。

（2）制成干粉或结晶保存：蛋白质和酶在固态时比在溶液中要稳定得多。固态干粉制剂可长期保存。例如，葡糖氧化酶干粉0℃下可保存2年，−15℃下可保存8年。通常酶与蛋白质含水量大于10%时，室温、低温下均易失活；含水量小于5%时，37℃活性会下降；如要抑制微生物活性，含水量要小于 10%；抑制化学活性，含水量要小于 3%。此外要特别注意，酶在冻干时往往会部分失活。

（3）保护剂下保存：很早就有人观察到，在无菌条件下，室温保存了 45 年的血液，血红蛋白仅有少量改变，许多酶仍保留部分活性，这是因为血液中有蛋白质稳定的因素。为了长期保存蛋白质和酶，常常要加入稳定剂：①惰性的生化物质或有机物质，如糖类、脂肪酸、牛血清白蛋白、氨基酸、多元醇等，以保持稳定的疏水环境；②中性盐，有一些蛋白质在高离子强度（1～4mol/L 或饱和的盐溶液）的极性环境中才能保持活性，最常用的是 $MgSO_4$，NaCl、$(NH_4)_2SO_4$ 等，使用时要脱盐；③巯基试剂，一些蛋白质和酶的表面或内部含有半胱氨酸巯基，易被空气中的氧缓慢氧化为磺酸或二硫化物而变性，保存时可加入半胱氨酸或巯基乙醇。

第二节　生物大分子制备实验

实验一　动物组织DNA的提取与定量测定

Ⅰ. 动物组织 DNA 提取

一、实验目的

掌握从动物组织中分离 DNA 的基本原理和方法。

二、实验原理

蛋白质是构成生物有机体的主要成分。核酸分为 DNA（脱氧核糖核酸）和 RNA（核糖核酸），前者主要存在于细胞核中。

在细胞中，DNA 与蛋白质形成 DNA 核蛋白，RNA 与蛋白质形成 RNA 核蛋白。在提取过程中两者会混在一起。

提取 DNA 的方法很多，其中盐溶法较常用。它根据 DNA 核蛋白和 RNA 核蛋白在不同浓度的盐溶液中具有不同的溶解度这一特点来进行分离提取工作。实验证明，在 0.15mol/L NaCl 溶液中，DNA 核蛋白的溶解度最小，仅为在纯水中的 1% 左右，而 RNA 核蛋白的溶解度最大；但在 1mol/L NaCl 溶液中，DNA 核蛋白的溶解度却增大，至少是在纯水中的 2 倍，而 RNA 核蛋白的溶解度则明显下降。利用此性质即可把两种核蛋白分开，以利于后续的提取工作。

由于核酸极不稳定，在较剧烈的化学、物理因素和酶的作用下很容易被降解，因此在制备过程中应注意防止过酸、过碱及其他能引起核酸降解的因素的作用。由于组织中广泛存在 DNA 酶（DNase），故全部提取过程应在低温下（4℃以下）操作，并加入柠檬酸盐、EDTA 等 DNA 酶的抑制剂（可螯合除去 DNA 酶活性所需的 Mg^{2+}），以防止其降解作用。

分离得到 DNA 核蛋白后，应进一步用十二烷基硫酸钠（SDS）使蛋白质变性，用含有异戊醇的氯仿除去变性的蛋白质，以得到游离的 DNA，也可用苯酚将蛋白质除去。最后利用 DNA 微溶于水而不溶于有机溶剂的性质，用预冷的 95% 乙醇溶液从溶液中把 DNA 沉淀出来。

DNA 分子大而长，其水溶液呈黏稠状，可用玻璃棒搅缠起来。为了获得大的 DNA 分子，在实验中应尽量避免剧烈振荡、用力过猛，不可用口径小的滴管、吸头吸取转移

DNA 溶液。

动物的胸腺、肝、脾、肾、精子，以及植物叶片与种子，细菌等都是实验室中提取 DNA 常用的材料。

三、实验器材

1. 材料

新鲜动物肝。

2. 试剂

（1）0.15mol/L NaCl-0.015mol/L 柠檬酸钠溶液（pH 7.0）：称取 8.77g NaCl、4.41g 柠檬酸钠，用蒸馏水溶解，调节 pH 至 7.0，稀释至 1000mL。

（2）0.15mol/L NaCl-0.1mol/L EDTA-Na_2 溶液（pH 8.0）：称取 8.779g NaCl、37.2g EDTA-Na_2 溶于 800mL 蒸馏水中，以 0.1mol/L NaOH 调至 pH 8.0，最后定容至 1000mL。

（3）5mol/L NaCl 溶液：称取 292.29 NaCl 溶于 800mL 蒸馏水中，最后定容至 1000mL。

（4）5% SDS 溶液：称取 5g SDS，溶于 100mL 的 45% 乙醇溶液中。

（5）氯仿 - 异戊醇：按氯仿：异戊醇＝24 ：1（V/V）配制。

（6）95% 乙醇溶液、75% 乙醇溶液。

3. 器具

组织捣碎机、玻璃匀浆器、真空干燥器及真空装置、移液管、离心机、磨口三角瓶、天平、容量瓶、剪刀、玻璃棒、烧杯等。

四、实验步骤

（1）本实验以鸡或兔的肝为材料。实验前实验动物应饥饿 12h 以上，以避免肝糖原的干扰。

（2）重击饥饿的动物头部至昏，剪断其颈部放血，迅速开腹，取出肝。将肝浸入预先在冰盐溶液中冷却的 0.15mol/L NaCl-0.015mol/L 柠檬酸钠溶液中，除去脂肪、血块等杂物。再用预冷的该溶液反复洗几次，直至组织无血为止。称取 10g 肝组织。

（3）低温下迅速把洗净的组织块剪成碎块后，加入 10mL 0.15mol/L NaCl-0.015mol/L 柠檬酸钠溶液，在组织捣碎机中迅速捣成匀浆。然后再用玻璃匀浆器匀浆 2～3 次使细胞破碎，最后加入 0.15mol/L NaCl-0.015mol/L 柠檬酸钠溶液至 50mL。

（4）将组织匀浆在 4℃下 6000r/min 离心 15min，弃上清（可用于制备 RNA）。往沉淀物中再加入 2 倍体积预冷的 0.15mol/L NaCl-0.015mol/L 柠檬酸钠溶液，搅匀，离心，弃上清液。如此操作，重复 2 次。

（5）将离心后所得沉淀物混悬于 5 倍沉淀物体积的 pH 8.0 的 0.15mol/L NaCl-0.1mol/L EDTA-Na_2 溶液中，边搅拌边慢慢滴加 5%SDS 溶液，直至 SDS 的终浓度达 1% 为止。然后边搅拌边慢慢滴加 5mol/L NaCl 溶液，使其最终浓度达 1mol/L。继续不断搅拌，此时可见溶液由黏稠变稀薄。

（6）将上述混合溶液倒入一个 300mL 磨口三角瓶里，加入等体积的氯仿 - 异戊醇（24：1），剧烈振荡 20min，再于室温 3000r/min 离心 10min。此时可见，离心管中分为三层，上层水溶液，中层变性蛋白质，下层氯仿 - 异戊醇。

取出上层水溶液后，再加入等体积的氯仿 - 异戊醇，剧烈振荡 20min，再于室温 3000r/min 离心 10min。如此重复，直至中间蛋白质层消失。

（7）小心吸取上层水溶液，记录体积，放入小烧杯中。加入 2 倍体积预冷的 95% 乙醇溶液（加入时，用移液管吸取乙醇溶液），边加边用玻璃棒慢慢朝一个方向在烧杯内搅拌。此时可见到有黏稠状物质（即 DNA）逐渐缠于玻璃棒上。如此滴加乙醇溶液并慢慢搅拌，直至不再有此黏稠状物质出现为止。

（8）将所得 DNA 样品用 75% 乙醇溶液洗 2 次，真空抽干称重，计算产率。

五、注意事项

（1）尽量简化操作步骤，缩短提取过程，以减少各种有害因素对核酸的破坏。

（2）核酸在剧烈的化学、物理因素或酶的作用下很容易降解，因此制备核酸的操作条件要求低温，避免过酸、过碱或机械剪切力对核酸链中磷酸二酯键的破坏。

（3）为防止细胞内外的各种核酸酶对核酸的生物降解，提取过程除保持低温操作外，必要时可加入抑制剂如柠檬酸盐、氟化物、砷酸盐、EDTA 等抑制 DNA 酶的活性。

（4）从核蛋白中脱去蛋白质的方法有很多，经常采用的有：氯仿 - 异戊醇法、苯酚法，它们均能使蛋白质变性和核蛋白解聚，并释放出核酸。

（5）DNA 主要集中在细胞核中，因此，通常选用细胞核含量比例大的生物组织作为提取制备 DNA 的材料。小牛胸腺组织中细胞核比例较大，因而 DNA 含量丰富，同时其 DNA 酶活性较低，制备过程中 DNA 被降解的可能性相对较低，所以是制备 DNA 的良好材料。但其来源较困难，相对而言动物肝容易获得，是实验室制备 DNA 常用的材料。

六、思考题

（1）根据核酸在细胞内的分布、存在方式及其特性，提取过程中可以采取什么相应的措施？

（2）氯仿 - 异戊醇的作用是什么？

Ⅱ．DNA 的定量测定（二苯胺法）

一、实验目的

掌握用二苯胺法定量测定 DNA 含量的基本原理方法。

二、实验原理

DNA 在酸性环境中加热被水解为嘌呤、脱氧核糖和脱氧嘧啶核苷酸。其中，脱氧核糖脱水生成 ω- 羟基 γ- 酮基戊糖，后者与二苯胺作用呈现蓝色，在 595nm 处有最大吸光度值。当样品中 DNA 的含量在 40～400μg 时，吸光度与 DNA 的浓度成正比。

样品中含有少量 RNA 不影响测定结果，但是蛋白质、脱氧核糖、阿拉伯糖和芳香醛等能与二苯胺形成各种有色物质，干扰结果。

三、实验器材

1. 材料

干燥的 DNA 制品。

2. 试剂

（1）DNA 标准液：称取 DNA（钠盐），用 0.02mol/L NaOH 溶液配成 200μg/mL 的溶液。

（2）二苯胺试剂：称取 1g 结晶二苯胺，溶于 100mL 分析纯的冰醋酸中，再加入浓度不低于 60% 的过氯酸溶液 10mL，混匀待用。临用前加入 1mL 1.6% 乙醛溶液，配得的试剂应为无色。

（3）样品待测液：准确称取干燥的 DNA 制品，用 0.02mol/L NaOH 溶液配成 100μg/mL 左右的溶液。

（4）蒸馏水。

3. 器具

可见分光光度计、天平、恒温水浴锅、试管与试管架、移液管等。

四、实验步骤

1. DNA 标准曲线的制作

取 6 支洁净干燥的试管，按表 7-3 加入试剂。混匀后，于 60℃恒温水浴中保温 1h。冷却至室温后，用分光光度计测定吸光度 A_{595nm}。以 DNA 浓度为横坐标，吸光度 A_{595nm} 为纵坐标，绘制标准曲线。

表 7-3　DNA 的呈色反应

编号	1	2	3	4	5	6
DNA 标准溶液 /mL	—	0.4	0.8	1.2	1.6	2.0
蒸馏水 /mL	2.0	1.6	1.2	0.8	0.4	—
二苯胺试剂 /mL	4.0	4.0	4.0	4.0	4.0	4.0

2. 样品 DNA 含量的测定

取 2 支洁净干燥试管，各加入 2mL 样品待测液，再各加入 4mL 二苯胺试剂。混匀后，于 60℃恒温水浴中保温 1h。冷却至室温后，用分光光度计测定吸光度 A_{595nm}。对照标准曲线计算样品中 DNA 的含量。

3. 计算结果

按照公式计算 DNA 含量。

$$DNA\ 含量 = \frac{待测溶液中测得\ DNA\ 质量}{待测溶液中样品质量} \times 100\%$$

五、注意事项

（1）待测液内含 DNA 量应调整至标准曲线可测定范围内。

（2）二苯胺法测定 DNA 含量灵敏度不高，待测样品中 DNA 含量低于 50mg/L 时即难于测定。加入乙醛既可增加二苯胺测定 DNA 的显色量，又可减少脱氧木糖和阿拉伯糖等的干扰，且能显著提高测定的灵敏度。

六、思考题

（1）如何定性判断某些样品中是否有含有核酸？

（2）实验中加入乙醛的目的是什么？

实验二　溶菌酶结晶的制备及活性测定

一、实验目的

（1）掌握溶菌酶制备的方法和原理。

（2）学习溶菌酶活性测定的方法。

二、实验原理

溶菌酶属糖苷水解酶，分子质量 14 307Da，由 129 个氨基酸残基构成。由于其中含有的碱性氨基酸残基较多，所以它的等电点 pI 高达 11 左右。溶菌酶能够破坏革兰氏阳性菌的细胞壁而具有溶菌作用，原因就在于它能够水解细胞壁的主要化学成分肽聚糖中的 β-1,4- 糖苷键。

溶菌酶在蛋清中含量较高，在一定条件下能直接从蛋清中结晶出来。蛋壳膜中的溶菌酶含量虽然较少，但仍然可以用于制备，此外它还广泛存在于哺乳动物的唾液、泪液、血浆、乳汁、白细胞及其他组织与体液的分泌液中。

本实验以蛋清为原料制备溶菌酶结晶，因为溶菌酶为碱性蛋白，在近中性的环境中可为阳离子交换树脂吸附。利用该性质可将它和鸡蛋蛋清中的其他蛋白质分离，然后再经盐析、纯化处理，得到的溶菌酶即可结晶。

溶菌酶的活性测定过去常用细胞溶菌法，即用对溶菌酶敏感的溶性微球菌（*Micrococcus lysodeikticus*）作为底物进行比浊测定，但是此法往往不能得到重复的结果。

本实验采用比色测定法。本法以活性染料艳红 K-2BP 所标记的溶性微球菌为底物，由于活性染料的标记部位并不是酶的作用点，因此当溶菌酶将这种底物水解以后即产生染料标记的水溶性碎片，除去未经酶作用的多余底物，溶液颜色的深浅就能代表酶活性的相对大小，在 540nm 波长处可直接进行比色测定。本法简便专一，比较准确。

三、实验器材

1. 材料

鲜鸡蛋。

2. 试剂

（1）724 型弱酸性阳离子交换树脂。

（2）0.5mol/L 的磷酸缓冲液（pH 6.5）。

（3）聚乙二醇（相对分子质量为 6000）。

（4）固体硫酸铵与 10%（NH_4）$_2SO_4$ 溶液。

（5）溶菌酶标准液：准确称取溶菌酶标准品 5mg，加 0.5mol/L pH6.5 的磷酸缓冲液，稀释为 1mg/mL 的标准液。用时稀释 20 倍，则每毫升酶液含酶 50μg。

（6）葡萄糖凝胶 Sephadex G-250。

（7）丙酮、蒸馏水、双缩脲试剂、固体 NaCl。

（8）1mol/L NaOH 溶液。

（9）溶菌酶底物（10μg/mL）：取 1g 艳红 K-2BP 标记溶性微球菌悬于 100mL 0.5mol/L 的磷酸缓冲液（pH 6.5）中，置 4℃保存。

（10）乳化剂：称取 2g Brij-35（聚氧乙烯脂肪醇醚），加 50m 蒸馏水，微热使其溶解，冷却后定容至 100mL，再吸取此液 10mL，用 0.5mol/L HCl 溶液定容至 200mL，备用。

3. 器具

真空干燥器及真空泵、分光光度计、显微镜、载玻片、透析袋、研钵、离心机、磁力搅拌器、布氏漏斗、分析天平、烧杯、玻璃漏斗、量筒、镊子、滤纸、沙布、试管及试管架、牛角匙或骨制药勺等。

四、实验步骤

1. 准备蛋清

取 2～3 枚鲜鸡蛋，洗净擦干，在小头用镊子轻轻捣一直径为 4mm 的小孔，下边用烧杯或量筒接好，再在大头打一细小针孔进气，此时蛋清缓缓自动流出。取蛋清的操作应很细致，避免蛋黄破裂混入蛋清而影响实验结果。将所得 80mL 左右鸡蛋清用磁力搅拌器充分打匀（约 15min）。然后用纱布滤去杂质，测量体积（或质量），记录 pH，置冰箱冷藏。

2. 蛋清与树脂混合

将处理好的 724 型弱酸性阳离子交换树脂用布氏漏斗抽干，取相当于蛋清 1/4 质量的树脂，并在不断搅拌下加入冷的蛋清，再继续搅拌 2.5h。

3. 洗涤和洗脱

倾去上层蛋清，每次用 3 倍体积的蒸馏水清洗树脂，至基本无泡沫为止（5～6 次），抽干。用 40mL 10%（NH_4)$_2SO_4$ 分两次搅拌洗脱，每次 0.5h，抽干。

4. 盐析

合并洗脱液，边搅拌边补加研细的固体硫酸铵至终浓度为 40%，冰箱内放置 0.5～1h，3000r/min 离心 10min 收集沉淀。

5. 脱盐

（1）透析法：将上述沉淀用 1mL 水分两次洗一下，装入透析袋中，置冰箱内用蒸馏水透析一天，中途换水 3 次，终体积应控制在 2.5～3mL，否则用研细的聚乙二醇脱水浓缩。

（2）凝胶过滤法：用葡萄糖凝胶（Sephadex G-25，$d=1.2cm$，$h=15cm$）装好层析柱，用 1～1.5mL 水溶解上述盐析收集的沉淀，若不澄清须离心去除沉淀后再上柱，然后用蒸馏水洗脱。用小试管收集洗脱液，每管 2.5mL，收集 6 管后，每管取 0.2mL 加双缩脲试剂 0.6mL 显色，比较紫色深浅，将色深的 3 管合并。

6. 去碱性杂蛋白

将上述透析液或洗脱液用 1mol/L NaOH 溶液调 pH 为 8.0～8.5，如有沉淀须离心除去。

7. 结晶

用牛角匙或骨制药匙在搅拌下慢慢向酶液中加入 5%（m/V）研细的固体 NaCl，注意防止局部过浓。加完后用 1mol/L NaOH 溶液慢慢调 pH 至 9.5～10，静置 48h。肉眼观察到结晶形成后，用滴管吸取结晶液 1 滴，置载玻片上，在显微镜低倍镜下观察并画出结晶图形。小心取出结晶液后用布氏漏斗过滤或离心收集结晶，再用少量冷丙酮洗涤晶体 2 次，真空干燥得溶菌酶结晶成品。

8. 活性测定

活性单位定义：在 pH 为 6.5 及 37℃的条件下作用 1.5min，水解 0.1mg 艳红 K-2BP 标记溶性微球菌的酶量为一个活力单位（U）。

（1）标准曲线的制作：取 6 支试管，按表 7-4 操作，测得每管溶液的吸光度 A_{540nm}，以 A_{540nm} 为纵坐标，以底物溶液体积（mL）为横坐标，绘制标准曲线。

（2）样品测定：用实验所得溶菌酶结晶制备溶菌酶样品液，样品测定按表 7-5 操作，以 0 号管溶液调零，1 号管和 2 号管分别测定 3 次吸光度值。依据每管中底物的含量（mg）和酶活力单位的定义，即可得出每管中酶活力单位（U）。

表 7-4 标准曲线的制作

试管号	0	1	2	3	4	5
底物溶液 /mL	0	0.1	0.2	0.3	0.4	0.5
0.5mol/L 磷酸缓冲液（pH 6.5）/mL	0.5	0.4	0.3	0.2	0.1	0
溶菌酶标准液 /mL	0.5	0.5	0.5	0.5	0.5	0.5
			37℃反应 10min			
乳化剂 /mL	2.0	2.0	2.0	2.0	2.0	2.0
			3000r/min 离心 5min 后取上清液			
A_{540nm}						

注：底物须吸量准确；标准酶液中酶是过量的，以保证水解完全。

表 7-5 样品测定

试管号	0	1	2
底物溶液 /mL	0	0.1	0.2
0.5mol/L 磷酸缓冲液（pH 6.5）/mL	0.5	0.4	0.3
溶菌酶样品液 /mL	0.5	0.5	0.5
		37℃反应 10min	
乳化剂 /mL	2.0	2.0	2.0
		3000r/min 离心 5min 后取上清液	
A_{540nm}			

9. 计算结果

取样品的平均吸光度，用标准曲线查活力单位，再由稀释倍数换算出溶菌酶的比活力（U/mg）。

五、注意事项

（1）准备蛋清时，用磁力搅拌器搅拌时忌用力过猛，以防蛋白质变性。

（2）用葡聚糖凝胶装柱时应注意保持柱床的连续性，不能有断层，否则需重新装柱。

六、思考题

（1）酶的活力单位和比活力有何不同？在酶学中有何意义？

（2）简述溶菌酶制备的方法和原理。

实验三 细胞色素c的提取制备与含量测定

一、实验目的

（1）学习蛋白质制备的基本原理及方法。

（2）掌握制备细胞色素 c 的方法及含量的测定方法。

二、实验原理

细胞色素是一类含有血红素辅基的能够传递电子的蛋白质的总称，它广泛存在于动物、植物和微生物中，细胞色素 c（Cytc）是其中的一种。细胞色素 c 是含铁卟啉的结合蛋白质，其肽链仅有 104 个氨基酸。生物体内大量存在，主要存在于线粒体中，一般无需外源补充，且外源补充与体内含量相比甚微。细胞色素 c 是生物氧化的一个非常重要的电子传递体，在线粒体嵴上与其他氧化酶排列成呼吸链参与细胞呼吸过程，是唯一较容易从线粒体中提出来的蛋白质。

细胞色素 c 易溶于水和酸性溶液，对热、酸碱都比较稳定，但三氯乙酸和乙酸可使之变性失活。

三、实验器材

1. 材料

新鲜猪心。

2. 试剂

（1）Na_2HPO_4-NaCl 溶液：称取磷酸氢二钠（$Na_2HPO_4 \cdot 12H_2O$）21.5g，氯化钠（NaCl）23.4g，加水溶解，最后定容至 1000mL。

（2）固体（NH_4）$_2SO_4$、细胞色素 c 标准品（80mg/mL）、0.2% NaCl 溶液、25%（NH_4）$_2SO_4$ 溶液、20% 三氯乙酸（TCA）溶液、12% $BaCl_2$ 溶液、1% 硝酸银溶液、0.5mol/L 氨水、1mol/L 氨水、2mol/L H_2SO_4 溶液、连二亚硫酸钠（$Na_2S_2O_4 \cdot 2H_2O$）、弱酸性阳离子交换树脂（Amberlite IRC-50-NH_4^+）、去离子水、蒸馏水。

3. 器具

人造沸石（60～80 目）、组织捣碎机、天平、烧杯、下口瓶、玻璃棒、透析袋、离心机、磁力搅拌器、分光光度计、玻璃层析柱及配套器材等。

四、实验步骤

1. 提取

将新鲜猪心除尽脂肪、血管和韧带，洗净积血，切碎，放入组织捣碎机捣碎，称取心肌肉糜 150g 放入 1000mL 烧杯中，加水 300mL，用磁力搅拌器搅拌，加入 2mol/L H_2SO_4 溶液调 pH 至 4.0（此时溶液呈暗紫色），磁力搅拌器室温下搅拌 2h。用 1mol/L 氨水调 pH 至 6.0，停止搅拌，3000r/min 离心 3min，取上清液（沉淀可再重复提取一次，合并上清液）。

2. 吸附和洗脱

（1）吸附：用 1mol/L 氨水将上清液 pH 调至 7.2，静置 20～30min，取出上层清液，再将下层黏稠物 3000r/min 离心 3min，弃沉淀，上清液装入 500mL 下口瓶中，待用。

称取人造沸石 11g，用去离子水反复漂洗（弃去飘浮的部分）至水清。剪一小块直径与玻璃层析柱内径一般大的薄海绵，装入层析柱底部，柱下端接一乳胶管，将柱垂直固定。向柱内加约 2/3 体积去离子水，由下端排水至约剩 1/3 体积时用弹簧夹夹住。将已处理过的人造沸石装入柱内，应避免出现断层和气泡。装完柱后，由下端排出过多的水，人造沸石上面只留一薄层水（但不可露出沸石以免进入空气）。将装有样品清液的下口瓶与层析柱相连接，使样品清液沿柱内壁缓缓流经柱内的人造沸石，开始吸附（注意调整流速为 8～10mL/min）。此时可见人造沸石开始变红，流出液为黄色或浅红色。

（2）洗脱：将层析柱内的人造沸石倒入烧杯，用去离子水洗 3～5 遍至水清。用 0.2%NaCl 溶液 100mL 分 3 次洗涤沸石，再用去离子水洗至水清。

（3）重新装柱：吸附了细胞色素 c 的红色人造沸石用 25% 的（NH_4）$_2SO_4$ 溶液进行

洗脱，流速要慢，控制为 1～2mL/min。当有红色液体流出时，开始收集，至流出液红色变浅立即停止收集，记录红色流出液的体积（约收集 20mL）。将洗脱后的人造沸石回收，再生使用。

3. 盐析及浓缩

在上述洗脱液中缓慢加入固体（NH$_4$）$_2$SO$_4$，边加边搅拌，防止局部浓度过大，加入的固体量按照其质量浓度为 45%（约相当于饱和度 67%）计算，放置 30min 以上（最好过夜），可见杂蛋白沉淀析出。过滤或低速离心，收集红色透明的细胞色素 c 溶液，记录体积。每 100mL 滤液加入 2.5mL 20% 三氯乙酸，注意边加边搅拌，细胞色素 c 沉淀析出后立即以 3000r/min 离心 15min，收集沉淀。若上清液呈红色应再加三氯乙酸，重复离心。合并沉淀。

向沉淀中加入少量去离子水，用玻璃棒搅动，使之溶解，装入透析袋后置于 500mL 大烧杯中，在磁力搅拌器搅拌下用去离子水进行透析除盐，15min 换水一次，换 3～4 次水后，检查硫酸根离子是否已被除净。检查方法如下：取 2mL 12%BaCl$_2$ 溶液放入一试管内，加入 2～3 滴透析袋外的液体，观察是否有白色沉淀。若出现白色沉淀，表示硫酸根离子未除净，若无沉淀出现，表示透析完全。将确认过的透析袋中的溶液过滤，即得清亮的细胞色素 c 粗品溶液，进行离子交换层析纯化。

4. 离子交换层析

按每千克猪心 2g 树脂的比例，将处理过的弱酸性阳离子交换树脂（Amberlite IRC-50-NH$_4^+$）装入层析柱（1.0cm×20cm）。通过下口瓶使样品溶液流入柱内，控制流速约为 2mL/min。吸附完成后，在树脂上端可以看到一层颜色较浅的部分，此为混合细胞色素 c 的杂蛋白。仔细地将树脂分层取出，弃之。下段深红色的为吸附细胞色素 c 的树脂，取出放入小烧杯中，用去离子水搅拌洗涤多次至溶液澄清为止。然后将深红色的树脂重新装柱，柱以细长为宜。用 Na$_2$HPO$_4$-NaCl 溶液洗脱，控制流速为 1mL/min。收集深红色液体。将收集的洗脱液装入透析袋，在 4℃用去离子水透析除盐，用 1% 硝酸银溶液检查，至无氯离子为止。检查方法如下：取透析袋外的液体约 2mL 于一试管中，加入 1% 硝酸银试剂 2～3 滴，观察是否有白色沉淀，直到无白色沉淀为止。然后将透析袋中的溶液过滤，收集滤液，即得高纯度的细胞色素 c 溶液。第一次柱层析后所收集的细胞色素 c 溶液较稀，可通过一根小柱浓缩。当细胞色素 c 吸附完毕后，先用 0.5mol/L 氨水迅速洗脱（4～5mL/min），当细胞色素 c 色带已扩散开，并出现在柱底端时，调流速为 0.2～0.3mL/min，细胞色素 c 可被浓缩成小体积洗脱下来，经过透析后，即得到纯化的细胞色素 c 液。

5. 细胞色素 c 含量的测定

本实验方法制备的细胞色素 c 是氧化型和还原型的混合物，因此在测定含量时，要加入连二亚硫酸钠，使混合物中的氧化型细胞色素 c 全部转变为还原型细胞色素 c。还原型细胞色素 c 水溶液在波长 520nm 处有最大光吸收。根据这一特性，作出细胞色素 c 浓度和相应吸光度的标准曲线，然后根据所测溶液的吸光度，由标准曲线的斜率求出所测样品的含量。

具体操作如下：取 1mL 细胞色素 c 标准品（80mg/mL）用蒸馏水稀释至 25mL。从中取 0.2mL、0.4mL、0.6mL、0.8mL、1.0mL 分别放入 5 支试管中，每管补加蒸馏水至 4mL，并加入少许连二亚硫酸钠作还原剂，摇匀，然后于分光光度计上以蒸馏水为空白对照，在 520nm 波长处测定各管溶液吸光度（A_{520nm}），以标准品的浓度值为横坐标，A_{520nm} 值为纵坐标，作出标准曲线图。

纯化细胞色素 c 定量测定：取纯化的细胞色素 c 液 1 mL 稀释适当倍数（本实验稀释 25 倍）制成样品稀释液。取干净试管 4 支，按表 7-6 操作。

表 7-6　细胞色素 c 定量测定

试剂	试管编号			
	1	2	3	4
$V_{样品稀释液}$/mL	0	1.0	1.0	1.0
$V_水$/mL	4.0	3.0	3.0	3.0
连二亚硫酸钠		少许		
A_{520nm}	调零			

6. 计算

取样品稀释液 A_{520nm} 平均值，在标准曲线上查出相应含量，再计算出样品原液的浓度。

五、注意事项

（1）尽量除净非心肌组织，如脂肪、韧带等。

（2）盐析时加固体硫酸铵，要先将其磨成粉末，而且边加边搅拌，不要一次快速加入。

（3）1mol/L 氨水调混合液 pH 至 7.2 时，一定不能调过头，否则细胞色素容易变性。

（4）逐滴加入三氯乙酸溶液，搅匀，尽快离心。

（5）透析时要求低温，透析袋要避免破漏，每隔几小时要换透析液，并用 Ba^{2+} 检查是否还有 SO_4^{2-}。

六、思考题

（1）盐析时加入硫酸铵的原因是什么？

（2）试以细胞色素 c 为例，总结蛋白质分离制备的步骤和方法。

（3）本实验的关键步骤有哪些？

实验四　亲和层析纯化血清IgG

一、实验目的

（1）熟悉亲和层析的基本原理。

（2）了解亲和层析在抗体纯化中的应用。

二、实验原理

亲和层析利用一种特殊吸附剂作固定相，根据溶液中生物分子化学结构与功能的不同进行选择性（专一性）及可逆性吸附，再通过适当方法进行解吸附。亲和层析特异性强、简便高效，能在温和条件下操作，对含量少又不稳定的活性物质更为有效；还可以从样品中除去大量杂质，从而得到高产率的纯化产物，因此被广泛应用于天然蛋白质、酶及重组蛋白质等的分离纯化。但并不是任何生物大分子都具有特定配基，因此亲和层析有一定的局限性。

金黄色葡萄球菌细胞壁上的 A 蛋白能够牢固地结合于免疫球蛋白重链 Fc 段的第二和第三恒定区，因而每一分子 IgG 含有两个 A 蛋白结合位点。来自金黄色葡萄球菌 A 蛋白可以高度亲和来自人、兔、豚鼠的 IgG，但对大鼠、山羊和鸡的 IgG 亲和力弱。可先将 A 蛋白结合在载体 Sepharose 上制作 A 蛋白 -Sepharose 层析柱，进行亲和层析分离 IgG。

三、实验器材

1. 材料

血清或单克隆抗体。

2. 试剂

（1）1mol/L Tris-HCl 缓冲液（pH8.0）：准确称取 Tris 碱 121.1g 溶于 800mL 蒸馏水中，加入约 42mL 浓盐酸调节 pH 至 8.0，最后蒸馏水定容至 1L。

（2）100mmol/L Tris-HCl 缓冲液（pH8.0）。

（3）10mmol/L Tris-HCl 缓冲液（pH8.0）。

（4）0.2mol/L 甘氨酸 - 盐酸缓冲液（pH3.0）:50mL 0.2mol/L 甘氨酸 +11.4mL 0.2mol/L HCl，再加水稀释至 100mL。

（5）100mmol/L 甘氨酸 - 盐酸缓冲液（pH3.0）：用 0.2mol/L 甘氨酸 - 盐酸缓冲液（pH3.0）稀释 2 倍即得。

（6）3mol/L 尿素溶液：称取 80g 尿素，用蒸馏水溶解后，定容至 1L。

（7）1mol/L LiCl 溶液：准确称取 42.39g 氯化锂，加入适量乙醇，用玻璃棒搅拌溶解，冷却至室温，将溶液转移至 1L 干燥容量瓶中，用适量乙醇清洗烧杯，转移至容量瓶，重复三次，用乙醇定容至 1L，摇匀待用。

（8）0.2mol/L 甘氨酸 - 盐酸缓冲液（pH2.5）:50mL 0.2mol/L 甘氨酸 +24.2mL 0.2mol/L HCl，再加水稀释至 100mL。

（9）100mmol/L 甘氨酸 - 盐酸缓冲液（pH2.5）：用 0.2mol/L 甘氨酸 - 盐酸缓冲液（pH2.5）稀释 2 倍即得。

（10）0.02% 叠氮钠溶液：精确称取 20mg 叠氮钠，用 50mL 蒸馏水溶解到 100mL 烧杯中，玻璃棒引流，移入 100mL 容量瓶后分别再用 20mL 蒸馏水洗涤烧杯两次，玻璃棒引流移入容量瓶，定容至 100mL。

3. 器具

玻璃层析柱及配套器材、容量瓶、分光光度计、EP 管、灭菌巴斯德吸管、烧杯、手套、玻璃棒等。

四、实验步骤

（1）装填一支 A 蛋白 -Sepharose 层析柱，按厂家说明书以 100mmol/L Tris-HCl 缓冲液（pH8.0）平衡，每 1mL 溶胀凝胶能吸附 10～12mg 的 IgG 纯品。A 蛋白 -Sepharose 十分昂贵，应节约使用。装柱时，用灭菌玻璃棉封堵的巴斯德吸管装填 1mL 层析柱，所制备的 IgG 就可以满足大多数的实验需要。

（2）加 1/10 体积的 1mol/L Tris-HCl 缓冲液（pH8.0）于抗体样品（血清或单克隆抗体，后者来自在组织培养中或在小鼠腹腔内生长的杂交瘤）。

从健康动物中采集的血清其 IgG 含量大约是 10mg/mL，而杂交瘤上清液和腹水中的抗体相差悬殊，前者范围在 10～100μg/mL，后者为 1～20mg/mL。血清中抗体浓度可通过 SDS-PAGE 进行分析，可把待测样品与一组免疫球蛋白标准品放在同一凝胶中电泳，将重链和轻链的染色强度同标准品加以比较进行定量。如果样品溶液中所含蛋白质主要为抗体（如腹水或分泌能力强的杂交瘤细胞培养液上清），可根据溶液的 A_{280nm} 估计出抗体的大致含量（$1A_{280nm}=0.75mg/mL$ IgG 纯品）。

（3）把抗体加样于柱上，依次以 10 倍柱床体积的 100mmol/L Tris-HCl 缓冲液（pH8.0）和 10 倍柱床体积的 10mmol/L Tris-HCl 缓冲液（pH8.0）洗柱。

（4）加入 1 倍柱床体积的 100mmol/L 甘氨酸 - 盐酸缓冲液（pH3.0），开始收集样品，每个微量离心管先加入 50μL 1mol/L Tris-HCl 缓冲液（pH8.0），每管收集流出组分 500μL。

（5）一旦柱床将要流干，则再加入 1 倍柱床体积的 100mmol/L 甘氨酸 - 盐酸溶液（pH3.0），继续收集样品，重复这一过程直到洗脱体积达 5 倍柱床体积。

（6）以洗脱缓冲液作空白对照，在 280nm 测定收集样品的吸光度以检出 IgG 组分。流出组分中 IgG 的浓度至少为 1mg/mL（A_{280nm} 为 1.33）。

（7）分装在 1mL EP 管中保存。

（8）依次使用 10 倍柱床体积的 3mol/L 尿素溶液、1mol/L LiCl 溶液和 100mmol/L 甘氨酸 - 盐酸缓冲液（pH2.5）洗柱床以去除残留蛋白质，最后用 10 倍柱床体积的 100mmol/L Tris-HCl 缓冲液（pH8.0）重新调节柱床 pH 到 8.0，层析柱可放在 0.02% 叠氮钠溶液的 100mmol/L Tris-HCl 缓冲液（pH8.0）中，保存于 4℃。

五、注意事项

（1）叠氮钠和氯化锂有毒，使用时应戴手套谨慎操作，配好的溶液应做好标记。

（2）在洗脱过程中要保证柱床以上的液面不能干涸。

六、思考题

简述亲和层析分离生物大分子的原理。

实验五　蛋白质的盐析和透析

一、实验目的

（1）掌握蛋白质盐析和透析的基本操作。

（2）掌握（NH_4）$_2SO_4$ 在盐析过程中的使用方法。

二、实验原理

1. 盐析

蛋白质是亲水胶体，借水化层和同性电荷维持胶态的稳定。向蛋白质溶液中加入某种碱金属或碱土金属的中性盐类，如（NH_4）$_2SO_4$、Na_2SO_4、NaCl、$MgSO_4$ 等，则发生电荷中和现象（失去电荷），当这些盐类的浓度足够大时，蛋白质胶粒脱水而沉淀，此即盐析。

由盐析所得的蛋白质沉淀，若经透析或水稀释降低盐浓度后，能再溶解并保持其原有分子结构，仍具有生物活性，因此，盐析是可逆性沉淀。各种蛋白质分子颗粒大小、亲水程度不同，盐析所需的盐浓度也不一样，因此调节蛋白质混合溶液中的中性盐浓度，可使各种蛋白质分段沉淀。例如，球蛋白在半饱和（NH_4）$_2SO_4$ 溶液中析出，而白蛋白则在饱和（NH_4）$_2SO_4$ 溶液中才能沉淀。盐析是蛋白质分离纯化的常用方法。

2. 透析

蛋白质的相对分子质量很大，颗粒的大小已达胶体颗粒范围（1~100nm），因此不能通过半透膜。透析是选用适当孔径的半透膜使小分子晶体物质能够透过，而胶体颗粒则不能透过，这种分离胶体物质和小分子物质的方法称为透析。此技术常用于蛋白质的纯化。

三、实验器材

1. 材料

动物血清。

2. 试剂

（1）饱和（NH_4）$_2SO_4$ 溶液、（NH_4）$_2SO_4$ 粉末、1%HCl 溶液、20%NaOH 溶液、0.1% $CuSO_4$ 溶液、蒸馏水。

（2）奈氏试剂：称取 10g 碘化汞和 7g 碘化钾溶于 10mL 水中，另称取 24.4g 氢氧化钾溶于 70mL 水中，冷却后转移至 100mL 容量瓶中，然后将碘化汞和碘化钾的混合液慢慢注入氢氧化钾溶液，边加边摇动。加水至刻度，摇匀，放置 2d 后使用。该试剂应保存在棕色玻璃瓶中，置于暗处备用。

3. 器具

离心机、离心管、试管、玻璃棒、橡皮筋、透析袋、烧杯、量筒、滴管等。

四、实验步骤

1. 盐析

向一洁净离心管中加入血清 1mL，再用滴管加入饱和（NH_4）$_2SO_4$ 溶液 1mL，用玻璃棒搅拌均匀，此时球蛋白沉淀析出。放置 5min 后，以 3000r/min 离心 5min，用滴管将上清液移入另一离心管中，分次少量加入（NH_4）$_2SO_4$ 粉末，用玻璃棒搅拌至有少量（NH_4）$_2SO_4$ 不再溶解为止。此时，血清白蛋白在饱和（NH_4）$_2SO_4$ 溶液中析出，加 1% HCl 溶液 1~2 滴，混匀，放置 5min 后，3000r/min 离心 10min，用滴管吸出上清液至试管中，沉淀即为白蛋白。

2. 透析

（1）取长短适宜的透析袋，用橡皮筋扎住一端，加少量水，检查是否漏水，然后将水倒去备用。

（2）量取 3mL 蒸馏水加入上述制备得到的白蛋白沉淀中，用玻璃棒搅拌（观察沉淀是否重新溶解），装入透析袋中，扎紧另一端，将透析袋放入装有 50mL 蒸馏水的烧杯中，使透析袋内外的液面处于同一高度，透析 15min，可使盐通过半透膜进入水中。

3. 检测

（1）取 2 支试管，向其中一支加入蒸馏水 10 滴，另一支加透析袋外的液体 10 滴，两管中各加奈氏试剂 2 滴，摇匀，若有黄色或有黄褐色沉淀生成，则表示有铵盐存在。

（2）取 3 支试管并编号，1 号管加入饱和（NH_4）$_2SO_4$ 溶液盐析上清液 10 滴，2 号管加入透析袋外的液体 10 滴，3 号管加入透析袋内液体 10 滴，然后各加 20% NaOH 溶液 10 滴，混匀，再分别逐滴加入 0.1% $CuSO_4$ 溶液 3~5 滴，混匀，若有紫红色出现，则表示有蛋白质存在（铵盐存在对双缩脲反应有一定的干扰，定量实验时必须除去铵盐）。

五、注意事项

蛋白质溶液用透析法去盐时，正、负离子透过半透膜的速度不同，以（NH_4）$_2SO_4$为例，NH_4^+的透出较快，在透析过程中半透膜内SO_4^{2-}剩余而生成H_2SO_4，使膜内蛋白质溶液呈酸性，足以达到使蛋白质变性的酸度。因此，在用盐析法纯化蛋白质透析去盐时，开始应使用 0.1mol/L NH_4OH 溶液透析。

六、思考题

（1）盐析的操作要点及注意事项是什么？

（2）奈氏试剂在透析检测中有什么作用？

参 考 文 献

白玲，黄建. 2004. 基础生物化学实验. 上海：复旦大学出版社.

北京农业大学. 1986. 动物生物化学实验指导. 北京：人民教育出版社.

陈钧辉，李俊. 2014. 生物化学实验. 5版. 北京：科学出版社.

陈毓荃. 2004. 生物化学实验技术. 北京：化学工业出版社.

董晓燕. 2002. 生物化学实验. 北京：化学工业出版社.

苟琳，单志. 2015. 生物化学实验. 2版. 西安：西安交通大学出版社.

何忠效. 2002. 生物化学仪器分析与实验技术. 北京：化学工业出版社.

胡兰. 2006. 动物生物化学实验教程. 北京：中国农业大学出版社.

林德馨. 2009. 生物化学与分子生物学实验. 4版. 北京：科学出版社.

宋方洲，何凤田. 2008. 生物化学与分子生物学实验. 北京：科学出版社.

王冬梅，吕淑霞，王金胜. 2009. 生物化学实验指导. 北京：科学出版社.

王秀奇，秦淑媛，高天慧，等. 2011. 基础生物化学实验. 北京：高等教育出版社.

魏玉梅，潘和平. 2017. 食品生物化学实验教程. 北京：科学出版社.

余冰宾. 2003. 生物化学实验指导. 北京：清华大学出版社.

臧荣鑫，杨具田. 2010. 生物化学实验教程. 兰州：兰州大学出版社.

周顺伍. 2001. 动物生物化学实验指导. 北京：中国农业出版社.

附　　录

附录1　常用缓冲液的配制

1. 选用缓冲体系注意事项

生物化学实验中常用的缓冲液见下表。

酸或碱	pKa_1	pKa_2	pKa_3
磷酸	2.1	7.2	12.3
柠檬酸	3.1	4.8	5.4
碳酸	6.4	10.3	—
乙酸	4.8	—	—
巴比妥酸	3.4	—	—
Tris（三羟甲基氨基甲烷）	8.3	—	—

选择实验的缓冲体系时，要特别慎重。因为影响实验结果的因素有时并不是缓冲液的 pH，而是缓冲液中的某种离子。选用下列缓冲体系时，应加以注意。

（1）硼酸盐：能与许多化合物（如糖）生成复合物。

（2）柠檬酸盐：柠檬酸离子能与 Ca^{2+} 结合，因此不能在 Ca^{2+} 存在时使用。

（3）磷酸盐：可能在一些实验中作为酶的抑制剂甚至代谢物起作用。重金属离子能与其生成磷酸盐沉淀，而且它在 pH7.5 以上的缓冲能力很小。

（4）Tris：能在重金属离子存在时使用，但也可能在一些系统中起抑制作用。它的主要缺点是温度效应（此点常被忽视）。室温时 pH7.8 的 Tris 缓冲液在 4℃时的 pH 为 8.4，在 37℃时为 7.4，因此，一种物质在 4℃制备时到 37℃测量时其氢离子浓度可增加 10 倍之多。Tris 在 pH7.5 以下的缓冲能力很弱。

2. 配制步骤

以配制 1L pH4.6 的乙酸缓冲液为例说明缓冲液的配制步骤。

（1）配制 1L 与所需乙酸缓冲液相同摩尔浓度的乙酸溶液。

（2）配制 1L 与所需乙酸缓冲液相同摩尔浓度的乙酸钠溶液。

（3）根据 Henderson-Hasselbalch 方程计算出一定 pH 下乙酸溶液与乙酸钠溶液的摩尔浓度比，从而计算出乙酸缓冲液中乙酸溶液与乙酸钠溶液的体积百分比。

（4）由计算出的乙酸溶液与乙酸钠溶液的体积百分比计算出 1L 缓冲液中应加入的同摩尔浓度的乙酸溶液与乙酸钠溶液的量，并按此分别量取乙酸溶液与乙酸钠溶液。将二者混合在一起，即为乙酸缓冲液。

（5）用精密酸度计测量缓冲液的 pH，如果低于 4.6，则向缓冲液中滴加乙酸钠溶液，并不断搅拌，直到 pH 达到 4.6 为止。同理，如果测量的 pH 高于 4.6，则用乙酸溶液将 pH 调到 4.6。

注意：实际工作中，为了简便操作，在完成上述（1）、（2）步骤后，可直接将上述两种溶液相互混加，用酸度计测量直至达到所需缓冲液的 pH 即可。

3. 常用缓冲液的配制

（1）磷酸氢二钠 - 磷酸二氢钠缓冲液

pH	0.2mol/L Na$_2$HPO$_4$/mL	0.2mol/L NaH$_2$PO$_4$/mL	pH	0.2mol/L Na$_2$HPO$_4$/mL	0.2mol/L NaH$_2$PO$_4$/mL
5.8	8.0	92.0	7.0	61.0	39.0
6.0	12.3	87.7	7.2	72.0	28.0
6.2	18.5	81.5	7.4	81.0	19.0
6.4	26.5	73.5	7.6	87.0	13.0
6.6	37.5	62.5	7.8	91.5	8.5
6.8	49.0	51.0	8.0	94.7	5.3

注：0.2mol/L 磷酸氢二钠溶液：1000mL 水中含 Na$_2$HPO$_4$ 53.7g。

0.2mol/L 磷酸二氢钠溶液：1000mL 水中含 NaH$_2$PO$_4$ 31.2g。

（2）磷酸氢二钠 - 磷酸二氢钾缓冲液

pH	0.067mol/L Na$_2$HPO$_4$/mL	0.067mol/L KH$_2$PO$_4$/mL	pH	0.067mol/L Na$_2$HPO$_4$/mL	0.067mol/L KH$_2$PO$_4$/mL
4.92	0.10	9.90	7.17	7.00	3.00
5.29	0.50	9.50	7.38	8.00	2.00
5.91	1.00	9.00	7.73	9.00	1.00
6.24	2.00	8.00	8.04	9.50	0.50
6.47	3.00	7.00	8.34	9.75	0.25
6.64	4.00	6.00	8.67	9.90	0.10
6.81	5.00	5.00	8.98	10.00	0
6.98	6.00	4.00			

注：0.067mol/L 磷酸氢二钠溶液：1000mL 水中含 Na$_2$HPO$_4$·2H$_2$O 11.876g。

0.067mol/L 磷酸二氢钾溶液：1000mL 水中含 KH$_2$PO$_4$ 9.078g。

（3）柠檬酸 - 柠檬酸钠缓冲液

pH	0.1mol/L 柠檬酸 /mL	0.1mol/L 柠檬酸钠 /mL	pH	0.1mol/L 柠檬酸 /mL	0.1mol/L 柠檬酸钠 /mL
3.0	18.6	1.4	5.0	8.2	11.8
3.2	17.2	2.8	5.2	7.3	12.7
3.4	16.0	4.0	5.4	6.4	13.6
3.6	14.9	5.1	5.6	5.5	14.5
3.8	14.0	6.0	5.8	4.7	15.3
4.0	13.1	6.9	6.0	3.8	16.2
4.2	12.3	7.7	6.2	2.8	17.2
4.4	11.4	8.6	6.4	2.0	18.0
4.6	10.3	9.7	6.6	1.4	18.6
4.8	9.2	10.8			

注：0.1mol/L 柠檬酸溶液：1000mL 水中含 C$_6$H$_8$O$_7$·H$_2$O 21.01g。

0.1mol/L 柠檬酸钠溶液：1000mL 水中含 Na$_3$C$_6$H$_5$O$_7$·2H$_2$O 29.41g。

（4）碳酸钠 - 碳酸氢钠缓冲液

pH		0.1mol/L Na$_2$CO$_3$/mL	0.1mol/L NaHCO$_3$/mL
20℃	37℃		
9.16	8.77	1	9
9.40	9.12	2	8
9.51	9.40	3	7
9.78	9.50	4	6
9.90	9.72	5	5
10.14	9.90	6	4
10.28	10.08	7	3
10.53	10.28	8	2
10.83	10.57	9	1

注：0.1mol/L 碳酸钠溶液：1000mL 水中含无水 Na$_2$CO$_3$10.6g 或 Na$_2$CO$_3$·10H$_2$O 28.60g。

0.1mol/L 碳酸氢钠溶液：1000mL 水中含 NaHCO$_3$ 8.40g。

Ca^{2+}、Mg^{2+}存在时不得使用。

（5）乙酸 - 乙酸钠缓冲液

pH	0.2mol/L 乙酸 /mL	0.2mol/L 乙酸钠 /mL	pH	0.2mol/L 乙酸 /mL	0.2mol/L 乙酸钠 /mL
3.72	9.0	1.0	4.80	4.0	6.0
4.05	8.0	2.0	4.99	3.0	7.0
4.27	7.0	3.0	5.23	2.0	8.0
4.45	6.0	4.0	5.37	1.5	8.5
4.63	5.0	5.0	5.57	1.0	9.0

注：0.2mol/L 乙酸溶液：1000mL 水中含乙酸 10.40g。

0.2mol/L 乙酸钠溶液：1000mL 水中含乙酸钠 11.55g。

（6）巴比妥钠 - 盐酸缓冲液

pH	0.1mol/L 巴比妥钠 /mL	0.1mol/L HCl/mL	pH	0.1mol/L 巴比妥钠 /mL	0.1mol/L HCl/mL
6.8	5.22	4.78	8.4	8.23	1.77
7.0	5.36	4.64	8.6	8.71	1.29
7.2	5.54	4.46	8.8	9.08	0.92
7.4	5.81	4.19	9.0	9.36	0.64
7.6	6.15	3.85	9.2	9.52	0.48
7.8	6.62	3.38	9.4	9.74	0.26
8.0	7.16	2.84	9.6	9.85	0.15
8.2	7.69	2.31			

注：0.1mol/L 巴比妥钠溶液：1000mL 水中含巴比妥钠 20.168g。

（7）Tris-HCl 缓冲液

pH	0.1mol/L Tris/mL	0.1mol/L HCl/mL	pH	0.1mol/L Tris/mL	0.1mol/L HCl/mL
7.10	50.00	45.7	8.10	50.00	26.2
7.20	50.00	44.7	8.20	50.00	22.9
7.30	50.00	43.4	8.30	50.00	19.9
7.40	50.00	42.0	8.40	50.00	17.2
7.50	50.00	40.3	8.50	50.00	14.7
7.60	50.00	38.5	8.60	50.00	12.4
7.70	50.00	36.5	8.70	50.00	10.3
7.80	50.00	34.5	8.80	50.00	8.5
7.90	50.00	32.0	8.90	50.00	7.0
8.00	50.00	29.2			

注：配制时按将两种溶液混匀后，加水稀释至100mL。0.1mol/L Tris：1000mL 水中含 Tris 12.114g。Tris 溶液可从空气中吸收二氧化碳，使用时应将瓶盖盖严。

（8）PBS

成分	pH			
	7.6	7.4	7.2	7.0
H_2O/mL	1000	1000	1000	1000
NaCl/g	8.5	8.5	8.5	8.5
Na_2HPO_4/g	2.2	2.2	2.2	2.2
NaH_2PO_4/g	0.1	0.2	0.3	0.4

附录2　常用酸碱指示剂

名称	pKa	pH	颜色变化		配制方法：称取 0.1g 溶于 250mL 下列溶剂
			酸	碱	
甲酚红（酸）	—	0.2~1.8	红	黄	水（含 2.62mL 0.1mol/L NaOH）
百里酚蓝（麝香草酚蓝）	1.50	1.2~2.8	红	黄	水（含 2.15mL 0.1mol/L NaOH）
甲基黄	3.25	2.0~4.0	红	黄	95% 乙醇溶液
甲基橙	3.46	3.1~4.4	红	橙黄	水（含 3mL 0.1mol/L NaOH）
溴酚蓝	3.85	2.8~4.6	黄	蓝紫	水或 20% 乙醇溶液（含 1.49mL 0.1mol/L NaOH）
溴甲酚绿（溴甲酚蓝）	4.66	3.8~5.4	黄	蓝	水（含 1.43mL 0.1mol/L NaOH）
甲基红	5.00	4.3~6.1	红	黄	水（指示剂为钠盐）或 60% 乙醇溶液（指示剂为游离酸）

续表

名称	pKa	pH	颜色变化		配制方法：称取 0.1g 溶于 250mL 下列溶剂
			酸	碱	
氯酚红	6.05	4.8~6.4	黄	紫红	水（含 2.36mL 0.1mol/L NaOH）
溴甲酚紫	6.12	5.2~6.8	黄	红紫	水或 20% 乙醇溶液（含 1.85mL 0.1mol/L NaOH）
石蕊	—	5.0~8.9	红	蓝	水
酚红	7.81	6.8~8.4	黄	红	水（含 2.82mL 0.1mol/L NaOH）
中性红	7.40	6.8~8.0	红	橙棕	70% 乙醇溶液
酚酞	9.70	8.3~10.0	无色	粉红	70% 乙醇溶液

附录3　硫酸铵饱和度计算表

1．调整硫酸铵饱和溶液饱和度计算表（25℃）

		硫酸铵终含量 /% 饱和度																
		10	20	25	30	33	35	40	45	50	55	60	65	70	75	80	90	100
		每升溶液中加固体硫酸铵的量（g）[①]																
硫酸铵初含量/%饱和度	0	56	114	144	176	196	209	243	277	313	351	390	430	472	516	561	662	767
	10		57	86	118	137	150	183	216	251	288	326	365	406	449	494	592	694
	20			29	59	78	91	123	155	189	225	262	300	340	382	424	520	619
	25				30	49	61	93	125	158	193	230	267	307	348	390	485	583
	30					19	30	62	94	127	162	198	235	273	314	356	449	546
	33						12	43	74	107	142	177	214	252	292	333	426	522
	35							31	63	94	129	164	200	238	278	319	411	506
	40								31	63	97	132	168	205	245	285	375	469
	45									32	65	99	134	171	210	250	339	431
	50										33	66	101	137	176	214	302	392
	55											33	67	103	141	179	264	353
	60												34	69	105	143	227	314
	65													34	70	107	190	275
	70														35	72	153	237
	75															36	115	198
	80																77	157
	90																	79

① 在 25℃下，硫酸铵溶液由初浓度调到终浓度时，每升溶液中所加固体硫酸铵的量（g）。

2. 调整硫酸铵饱和溶液饱和度计算表（0℃）

	硫酸铵终含量/% 饱和度																
	20	25	30	35	40	45	50	55	60	65	70	75	80	85	90	95	100
硫酸铵初含量/% 饱和度	每100mL溶液中加固体硫酸铵的量（g）①																
0	10.6	13.4	16.4	19.4	22.6	25.8	29.1	32.6	36.1	39.8	43.6	47.6	51.6	55.9	60.3	65.0	69.7
5	7.9	10.8	13.7	16.6	19.7	22.9	26.2	29.6	33.1	36.8	40.5	44.4	48.4	52.6	57.0	61.5	66.2
10	5.3	8.1	10.9	13.9	16.9	20.0	23.3	26.6	30.1	33.7	37.4	41.2	45.2	49.3	53.6	58.1	62.7
15	2.6	5.4	8.2	11.1	14.1	17.2	20.4	23.7	27.1	30.6	34.3	38.1	42.0	46.0	50.3	54.7	59.2
20	0	2.7	5.5	8.3	11.3	14.3	17.5	20.7	24.1	27.6	31.2	34.9	38.7	42.7	46.9	51.2	55.7
25	0	0	2.7	5.6	8.4	11.5	14.6	17.9	21.1	24.5	28.0	31.7	35.5	39.5	43.6	47.8	52.2
30	0		0	2.8	5.6	8.6	11.7	14.8	18.1	21.4	24.9	28.5	32.3	36.2	40.2	44.5	48.8
35	0			0	2.8	5.7	8.7	11.8	15.1	18.4	21.8	25.4	29.1	32.9	36.9	41.0	45.3
40	0				0	2.9	5.8	8.9	12.0	15.3	18.7	22.2	25.8	29.6	33.5	37.6	41.8
45	0					0	2.9	5.9	9.0	12.3	15.6	19.0	22.6	26.3	30.2	34.2	38.3
50	0						0	3.0	6.0	9.2	12.5	15.9	19.4	23.0	26.8	30.8	34.8
55	0							0	3.0	6.1	9.3	12.7	16.1	19.7	23.5	27.3	31.3
60	0								0	3.1	6.2	9.5	12.9	16.4	20.1	23.1	27.9
65	0									0	3.1	6.3	9.7	13.2	16.8	20.5	24.4
70	0										0	3.2	6.5	9.9	13.4	17.1	20.9
75	0											0	3.2	6.6	10.1	13.7	17.4
80	0												0	3.3	6.7	10.3	13.9
85	0													0	3.4	6.8	10.5
90	0														0	3.4	7.0
95	0															0	3.5
100	0																0

① 在0℃下，硫酸铵溶液由初浓度调到终浓度时，每100mL溶液中所加固体硫酸铵的量（g）。

附录4 层析法常用数据表及性质

1. Sephadex 凝胶的技术数据

型号	颗粒直径/μm	肽和球蛋白工作范围（M_r）	pH稳定性工作（清洗）	最快流速/（cm/h）	床体积/（mL/g干胶）	最小溶胀时间/h 室温	最小溶胀时间/h 沸水浴
Sephadex G-10	40~120	<700	2~13（2~13）	2~5	2~3	3	1
Sephadex G-15	40~120	<1 500	2~13（2~13）	2~5	2.5~3.5	3	1
Sephadex G-25 粗颗粒	100~300	1 000~5 000	2~13（2~13）	2~5	4~6	6	2
Sephadex G-25 中颗粒	50~150	1 000~5 000	2~13（2~13）	2~5	4~6	6	2

续表

型号	颗粒直径 /μm	肽和球蛋白工作范围（M_r）	pH 稳定性工作（清洗）	最快流速 /（cm/h）	床体积 /（mL/g 干胶）	最小溶胀时间 /h 室温	最小溶胀时间 /h 沸水浴
Sephadex G-25 细颗粒	20～80	1 000～5 000	2～13（2～13）	2～5	4～6	6	2
Sephadex G-25 超细颗粒	10～40	1 000～5 000	2～13（2～13）	2～5	4～6	6	2
Sephadex G-50 粗颗粒	100～300	1 500～30 000	2～10（2～13）	2～5	9～11	6	2
Sephadex G-50 中颗粒	50～150	1 500～30 000	2～10（2～13）	2～5	9～11	6	2
Sephadex G-50 细颗粒	20～80	1 500～30 000	2～10（2～13）	2～5	9～11	6	2
Sephadex G-50 超细颗粒	10～40	1 500～30 000	2～10（2～13）	2～5	9～11	6	2
Sephadex G-75	40～120	3 000～80 000	2～10（2～13）	72	12～15	24	3
Sephadex G-75 超细颗粒	10～40	3 000～70 000	2～10（2～13）	16	12～15	24	3
Sephadex G-100	40～120	4 000～150 000	2～10（2～13）	47	15～20	72	5
Sephadex G-100 超细颗粒	10～40	5 000～100 000	2～10（2～13）	11	15～20	72	5
Sephadex G-150	40～120	5 000～400 000	2～10（2～13）	21	20～30	72	5
Sephadex G-150 超细颗粒	10～40	5 000～150 000	2～10（2～13）	5.6	18～22	72	5
Sephadex G-200	40～120	5 000～80 000	2～10（2～13）	11	30～10	72	5
Sephadex G-200 超细颗粒	10～40	5 000～250 000	2～10（2～13）	2.8	20～25	72	5

2. 聚丙烯酰胺凝胶的技术数据

型号	排阻的下限（M_r）	分级分离的范围（M_r）	膨胀后的床体积 /（mL/g 干凝胶）	膨胀所需最少时间（室温）/h
Bio-gel-P-2	1 600	200～2 000	3.8	2～4
Bio-gel-P-4	3 600	500～4 000	5.8	2～4
Bio-gel-P-6	4 600	1 000～5 000	8.8	2～4
Bio-gel-P-10	10 000	5 000～17 000	12.4	2～4
Bio-gel-P-30	30 000	20 000～50 000	14.9	10～12
Bio-gel-P-60	60 000	30 000～70 000	19.0	10～12
Bio-gel-P-100	100 000	40 000～100 000	19.0	24
Bio-gel-P-150	150 000	50 000～150 000	24.0	24
Bio-gel-P-200	200 000	80 000～300 000	34.0	48
Bio-gel-P-300	300 000	100 000～400 000	40.0	48

注：上述各种型号的凝胶都是亲水性的多孔颗粒，在水合缓冲溶液中很容易膨胀。

3. 琼脂糖凝胶的技术数据

琼脂糖是琼脂内非离子型的组分，它在 0～4℃、pH4～9 范围内是稳定的。

名称、型号	凝胶内琼脂糖百分含量（m/m）	排阻的下限（M_r）	分级分离的范围（M_r）	膨胀后的床体积/（mL/g 干凝胶）
Sagavac 10	10	2.5×10^5	$1 \times 10^4 \sim 2.5 \times 10^5$	3.8
Sagavac 8	8	7×10^5	$2.5 \times 10^5 \sim 7 \times 10^5$	5.8
Sagavac 6	6	2×10^6	$5 \times 10^4 \sim 2 \times 10^6$	
Sagavac 4	4	15×10^6	$2 \times 10^5 \sim 15 \times 10^6$	
Sagavac 2	2	150×10^6	$5 \times 10^5 \sim 15 \times 10^7$	14.9
Bio-GelA-0.5mol/L	10	0.5×10^5	$<1 \times 10^4 \sim 0.5 \times 10^6$	19.0
Bio-GelA-1.5mol/L	8	1.5×10^6	$<1 \times 10^4 \sim 1.5 \times 10^6$	19.0
Bio-GelA-5mol/L	6	5×10^6	$1 \times 10^4 \sim 5 \times 10^6$	
Bio-GelA-15mol/L	4	15×10^5	$4 \times 10^4 \sim 15 \times 10^6$	
Bio-GelA-50mol/L	2	50×10^6	$1 \times 10^5 \sim 50 \times 10^6$	40.0
Bio-GelA-150mol/L	1	150×10^6	$1 \times 10^6 \sim 150 \times 10^6$	

4. 离子交换纤维素

目前常用的离子交换纤维素列于下表。

DEAE-纤维素	形状	长度 /μm	交换容量 /（mmol/g）	蛋白质吸附容量 /（mg/g）		床体积 /（mL/g）	
				胰岛素（pH8.5）	牛血清白蛋白（pH8.5）	pH6.0	pH7.5
DE-22	改良纤维性	12～400	1.0±0.1	750	450	7.7	7.7
DE-23	同上（除细粒）	18～400	1.0±0.1	750	450	8.3	9.1
DE-32	微粒性（干粉）	24～63	1.0±0.1	850	660	6.0	6.3
DE-52	同上（溶胀）	24～63	1.0±0.1	850	660	6.0	6.3

CM-纤维素	形状	长度 /μm	交换容量 /（mmol/g）	蛋白质吸附容量 /（mg/g）		床体积 /（mL/g）	
				胰岛素（pH8.5）	牛血清白蛋白（pH8.5）	pH6.0	pH7.5
CM-22	改良纤维性	12～400	0.6±0.06	600	150	7.7	7.7
CM-23	同上（除细粒）	18～400	0.6±0.06	600	150	9.1	9.1
CM-32	微粒性（干粉）	24～63	1.0±0.1	1260	400	6.8	6.7
CM-52	同上（溶胀）	24～63	1.0±0.1	1260	400	6.8	6.7

5. 常用的离子交换纤维素的种类和特点

阳离子	解离基团	交换容量 /（mmol/g）	pKa	特点
CM-	羧甲基 -O-CH$_2$-COOH	0.5～1.0	3.6	应用广泛，用于 pH4 以上
P-	磷酸根 -O-PO$_3$H$_2$	0.7～7.4	pKa_1 1～2 pKa_2 60～65	酸性较强，用于低 pH
SE-	磺乙基 -OCH$_3$-CH$_2$-SO$_3$H	0.2～0.3	2.2	酸性强，用于极低 pH

阳离子	解离基团	交换容量/（mmol/g）	pKa	特点
DEAE-	二乙氨乙基 O-CH$_2$-CH$_2$-N（C$_2$H$_5$）	0.1～1.1	9.1～9.5	应用最广泛，在 pH8.6 以下
TEAE-	三乙氨乙基 -O-CH$_2$-CH$_2$-N+（C$_2$H$_5$）	0.5～1.0	10	碱性稍强
BND	苯甲基和萘甲基酚化的 DEAE	0.8		适于分离核酸

附录5　标准溶液的配制和标定

1. 0.1mol/L 氢氧化钠溶液的配制和标定

（1）0.1mol/L 标准邻苯二甲酸氢钾溶液的配制：称取于 100～125℃干燥的邻苯二甲酸氢钾（分析纯，M_r=204.2）基准试剂约 10.2g（准确到 0.1mg），用水溶解后按定量分析操作全部转移到 500mL 容量瓶中，洗涤烧杯 2～3 次，并转移至容量瓶中，加水稀释到刻度。混匀，转移到干燥洁净的玻璃塞密闭的试剂瓶中。计算出溶液的准确摩尔浓度并贴好标签。

（2）0.1mol/L 氢氧化钠溶液的制备。

A. 不含碳酸钠的氢氧化钠的制备：将 110g 分析纯氢氧化钠固体置于 300mL 锥形瓶中，加 100mL 水，不时振荡。溶解后用橡皮塞塞紧并静置数日直到碳酸钠全部沉于底部，倾出上清液备用（100mL 不含碳酸钠的浓溶液约含 NaOH 75g）。

B. 0.1mol/L 标准氢氧化钠溶液的制备：取以上氢氧化钠浓溶液 5.5mL，加水至 1000mL，混匀，贮于具有橡皮塞的试剂瓶中。

C. 标定：准确量取 20mL 0.1mol/L 邻苯二甲酸氢钾溶液，加酚酞指示剂 3～4 滴，用约 0.1mol/L 氢氧化钠溶液滴定至微红色，记下氢氧化钠的滴定体积。重复做 3 份。

D. 计算。

$$C_{NaOH}=\frac{W}{204.2\times V}（mol/L）$$

式中，W 为 20mL 溶液中邻苯二甲酸氢钾的质量（g）；V 为标准氢氧化钠溶液滴定体积（mL）；C_{NaOH} 为标准氢氧化钠溶液准确摩尔浓度（mol/L）。

2. 0.1mol/L 标准盐酸的配制和标定

吸取分析纯盐酸（约 12mol/L）8.5mL 加水至 1000mL，混匀后用 0.1mol/L 标准氢氧化钠溶液滴定，用甲基红作为指示剂。

$$C_{HCl}=\frac{C_{NaOH}V_{NaOH}}{V_{HCl}}$$

式中，C_{HCl}、C_{NaOH} 分别为盐酸与氢氧化钠的准确摩尔浓度（mol/L）；V_{HCl}、V_{NaOH} 分别为盐酸与氢氧化钠溶液的体积（mL）。

3. 0.05mol/L 标准硫代硫酸钠溶液的配制和标定

称取 50g 硫代硫酸钠溶于煮沸后并冷却的蒸馏水中，加煮过的蒸馏水至 2000mL。用标准 0.016 7mol/L KIO$_3$ 溶液（0.356 7g KIO$_3$ 溶解后定容至 100mL）标定，标定取 0.016 7mol/L KIO$_3$ 溶液 20mL 加 KI 1g 及 3mol/L H$_2$SO$_4$ 溶液滴定至浅黄色后，加 10% 淀粉指示剂

3 滴，使溶液呈蓝色，继续滴定至蓝色消失。计算溶液 $Na_2S_2O_3$ 溶液的滴定体积和准确浓度。

$$5KI+KIO_3+3H_2SO_4\longrightarrow 3K_2SO_4+3H_2O+3I_2$$
$$2Na_2S_2O_3+I_2\longrightarrow Na_2S_4O_6+2NaI$$

碘酸钾分子中的碘反应后，从 +5 价降到 −1 价，其化学价的变动为 6。碘酸钾的相对分子质量为 214.01，所以碘酸钾在此反应中的氧化还原摩尔数为 214.01/6＝35.67。

$$Na_2S_2O_3\ 溶液摩尔浓度=\frac{C_{KIO_3}\cdot V_{KIO_3}}{V_{Na_2S_2O_3}}=\frac{0.1\times 20}{V_{Na_2S_2O_3}}=\frac{2}{V_{Na_2S_2O_3}}$$

式中，$V_{Na_2S_2O_3}$ 为 $Na_2S_2O_3$ 溶液的滴定体积（mL）。

附录6　常用实验仪器的使用

一、分析天平

1. 使用分析天平的规则

（1）在使用前对天平进行外观检查：首先检查砝码是否齐全，各砝码位置是否正确，圈码是否完好，并挂在砝码圈上，游码是否处于零的位置。然后检查天平横梁和吊耳位置是否正确。最后检查天平是否处于水平位置。如果不平，调节天平箱下方的两个水平螺丝，使水准器的水泡处于正中。

（2）接通电源，将升降枢慢慢开启，横梁应处于平衡位置，标尺上零点线的投影应与投影的固定线重合。如不重合，可移动横梁上左右平衡铊的位置，使零点重合。

（3）关闭升降枢，打开箱门。把待测样品放于天平左侧托盘的中央。称量药品可用直接法或减量法称取。

（4）先估计一下药品的物重，选择适当的砝码放在右边托盘的中央位置，轻轻转动升降枢，仔细观察指针标尺摆动的方向，如果指针偏左，表示砝码过重，则应关掉升降枢，取较轻的砝码放在托盘上，如果指针偏右，表示砝码太轻，应更换较重的砝码。按同样的方法调节游码的位置直到指针的偏转在投影屏标牌的范围内。

（5）记录下天平读数，关闭升降枢，将药品取下，将砝码放入砝码盒中，关闭天平门，将游码复原，用天平罩罩住天平，方可离去。

2. 注意事项

（1）每次称量前，一定要检查天平是否水平，标尺指针是否处于零点。

（2）必须用镊子夹取砝码，不能直接用手拿取。

（3）要熟知天平的最大负载，称量时不应超过这个范围。

（4）称量的物品必须放在称量纸或称量瓶内，不可直接放到天平盘上，称量易腐蚀或易吸潮的药品则必须将它们放在带盖的称量瓶内称量。称量液体药品时，应将其放在烧杯或称量瓶中，切勿滴洒在天平盘上。

（5）在称量过程中放入或取下药品或砝码时都必须关掉升降枢，以免损伤玛瑙刀口。

（6）被称量的物品和盛器的温度应与天平室温度一致。

（7）称量药品时要关闭天平的侧门，以防气流对天平指针的影响。

（8）擦过的玻璃器皿易产生静电影响称量的准确性，所以刚擦过的玻璃器皿应放置5min再进行称量。

（9）称量时必须使用与天平配套的砝码，不同砝码盒的砝码不能更换，被称物品和所用砝码必须放在托盘中央。

（10）称量者应坐在天平的正前方，以便从刻度盘上直接读出刻度。

（11）称量完毕应关掉升降枢，砝码放回砝码盒内，游码调回原位，托盘应用毛刷清扫干净。天平箱内散落的物质应清扫出箱，然后关闭箱门。

（12）天平室内必须放置干燥剂，并经常检查，定期更换。

（13）天平必须放在稳固、防震的实验台上，通常将天平放在水泥台上，如果搬动天平须将天平横梁取下，以免在搬动过程中损伤玛瑙刀口。

3. 称量方法

（1）直接法：此法用于不易吸潮、在空气中性质稳定的物质。称量时先称取硫酸纸、烧杯或培养皿的质量，然后将药品放入称量。称量中按从大到小的顺序加减砝码（1g以上）和游码（10～990mg），使天平达到平衡。砝码、游码及投影标尺所示质量等于药品和载器的总质量，而药品的质量等于总质量减去载器的质量。

（2）减量法：此法用于称取粉末状或易吸潮、与 CO_2 反应的物质。一般把药品放入称量瓶中（称量瓶使用前必须清洗干净，在 105℃ 左右烘箱内烘干后冷却到室温，方可使用；烘干后的称量瓶不能用手拿，而要用干净的纸条套在称量瓶上夹取）并盖上瓶盖，放在天平上准确称取，记录质量。然后左手用纸条套住称量瓶，把称量瓶从天平上移下，右手隔着小纸片，在烧杯上方轻轻打开瓶盖，慢慢倾斜瓶身，使试样慢慢落入烧杯中，当倾出的药品接近用量时，慢慢竖起瓶盖，轻敲瓶口，使瓶口试样落入瓶内，然后盖好瓶盖，再放回天平盘进行称量，两次称量之差即为所需药品的量。

二、烘箱和恒温箱

烘箱用于物品的干燥和干热灭菌，恒温箱用于微生物和生物材料的培养。这两种仪器的结构和使用方法相似，烘箱的使用温度范围为 50～250℃，常用鼓风式电热箱以加热升温。恒温箱的最高工作温度为 60℃。

1. 使用方法

（1）将温度计插入温度计插孔内（一般在箱顶放气调节器中部）。

（2）通电，打开电源开关，红色指示灯亮，开始加热。开启鼓风开关，促使热空气对流。

（3）注意观察温度计：当温度计温度将要达到需要温度时，调节温度自控旋钮，使绿色指示灯正好发亮。10min 后再观察温度计和指示灯，如果温度计上所指温度超过所需温度，而红色指示灯仍亮，则将自动控温旋钮略向逆时针方向旋转，直调到温度恒定在需要的温度上，并且指示灯轮番显示红色和绿色为止。自动恒温器旋钮在箱体正面左上方或右下方。它的刻度板不能作为温度标准指示，只能作为调节的标记。

（4）工作一定时间后，可开启顶部中央的放气调节器将潮气排除，也可开启鼓风机。

（5）使用完毕，关闭开关。将电源插头拔下。

2．注意事项

（1）使用前检查电源，要有良好的地线。

（2）切勿将易燃易爆品及挥发性物品放入箱内加热。箱体附近不可放置易燃物品。

（3）箱内应保持清洁，放物网不得有锈，否则会影响玻璃器皿的洁净度。

（4）烘烤洗刷完的器具时，应尽量将水珠甩去再放入烘箱内。干燥后，应等到温度降至 60℃以下方可取出物品。塑料、有机玻璃制品的加热温度不能超过 60℃，玻璃器皿的加热温度不能超过 180℃。

（5）鼓风机的电动机轴承应每半年加油一次。

（6）放物品时要避免碰撞感温器，否则温度不稳定。

（7）检修时应切断电源，防止带电操作。

三、电热恒温水浴

电热恒温水浴（槽）用于恒温、加热、消毒及蒸发等，常用的有 2 孔、4 孔、6 孔、8 孔水浴等。工作温度从室温至 100℃，恒温波动 ±（0.5～1）℃。

1．使用方法

（1）关闭水浴底部外侧的放水阀门，向水浴中注入蒸馏水至适当的深度。加蒸馏水是为了防止水浴槽体（铝板或铜板）被侵蚀。

（2）将电源插头接在插座上，合上电闸。插座的粗孔必须安装接地线。

（3）将调温旋钮沿顺时针方向旋转至适当温度位置。

（4）打开电源开关，接通电源，红灯亮，表示电炉丝通电开始加热。

（5）在恒温过程中，当温度升到所需的温度时，沿逆时针方向旋转调温旋钮至红灯熄灭，绿灯亮为止。此后，红绿灯就不断熄、亮，表示恒温控制发生作用。

（6）调温旋钮刻度盘的数字并不表示恒温水浴内的温度。随时记录调温旋钮在刻度盘上的位置与恒温水浴内温度计指示的温度的关系，在多次使用的基础上，可以比较迅速地调节，得到需要控制的温度。

（7）使用完毕，关闭电源开关，拉下电闸，拔下插头。

（8）若较长时间不使用，应将调温旋钮退回零位，并打开放水阀门，放尽水浴槽内的全部存水。

2．注意事项

（1）水浴内的水位绝对不能低于电热管，否则电热管将被烧坏。

（2）控制箱内部切勿受潮，以防漏电损坏。

（3）初次使用时，应加入与所需温度相近的水后再通电，并防止水箱内无水时接通电源。

（4）使用过程中应注意随时盖上水浴槽盖，防止水箱内水被蒸干。

（5）调温旋钮刻度盘的刻度并不表示水温，实际水温应以温度计读数为准。

四、离心机

离心机的种类很多，根据转速不同，可以分为低速离心机、高速离心机和超速离心机。一般实验室装备的离心机为最大转速 4000r/min 左右的台式或落地式离心机。

1．使用方法

（1）将要离心的液体置于离心管中。

（2）装有待离心液体的离心管分别放入两个完整并且配备了橡皮软垫的离心套管之中。置天平两侧配平，向较轻一侧离心套管内用滴管加水，直至平衡。

（3）检查离心机内有无异物和无用的套管，并且运转平稳。将已配平的两个套管对称地放置于离心机的转头内。盖好上盖，开启电源。

（4）调节定时旋钮于所需要的时间（分钟）。

（5）慢慢转动转速调节旋钮，增加离心机的转速。当离心机的转速达到要求时，记录离心时间。

（6）到达离心时间后，应将调速旋钮旋回"0"，然后让它自行停转，当离心机自然停止后，取出离心管和离心套管。不允许用手或其他物件迫使离心机停转。严禁在还未停转的状态下和开机运转的状态下打开机盖。

（7）倒去离心套管内的平衡用水并将套管倒置于干燥处晾干。

2．注意事项

（1）离心机要放在平坦和结实的地面或实验台上，不允许倾斜。严格按操作规程使用离心机。

（2）离心管必须预先平衡之后才能放入离心机。

（3）离心机启动后，如有不正常噪声及震动，应立即切断电源，分析原因，排除故障。

（4）在使用过程中应尽量避免试液洒在机器上面及转头里面，用毕及时清理，擦拭干净。

（5）离心机使用后，不要急于盖上盖，而应打开盖，让水分挥发。

五、酸度计

酸度（pH）计使用的关键是要正确选用和校对 pH 电极。过去是使用两个电极，即玻璃电极和参比电极，现在它们已被两种电极合一的复合电极所代替。

玻璃电极对溶液中的氢离子浓度敏感，其头部为一薄玻璃泡，内装有 0.1mol/L HCl，上部由银 - 氯化银电极与铂金丝连接。当玻璃电极浸入样品溶液时，薄玻璃泡内、外两侧的电位差取决于溶液的 pH，即玻璃电极的电极电位随样品溶液中氢离子浓度（活度）的变化而变化。

参比电极的功能是提供一个恒定的电位，作为测量玻璃电极薄玻璃泡内、外两侧电位差的参照。常用的参比电极是甘汞电极（$Hg/HgCl$）或银 - 氯化银电极（$Ag/AgCl$）。参比电极电位是氯离子浓度的函数，因而电极内充以 4mol/L KCl 溶液或饱和 KCl 溶液，以保持恒定的氯离子浓度和恒定的电极电位。使用饱和 KCl 是为使电极内沉积有部分 KCl 结晶，以使 KCl 的饱和浓度不受温度和湿度的影响。

现在 pH 测定已都改用玻璃电极与参比电极合一的复合电极，即将它们共同组装在一根玻璃管或塑料管内，下端玻璃泡处有保护罩，使用十分方便，尤其是便于测定少量液体的 pH。

测定 pH 时，玻璃电极和参比电极同时进入溶液中，构成一个"全电池"。

1．注意事项

（1）经常检查电极内的 4mol/L KCl 溶液的液面，如液面过低则应补充 4mol/L KCl

溶液。

（2）玻璃泡极易破碎，使用时必须极为小心。

（3）复合电极长期不用，可浸泡在 2mol/L KCl 溶液中，平时可浸泡在去离子水或缓冲液中，使用时取出，冲洗玻璃泡部分，然后用吸水纸吸干余水，将电极浸入待测溶液中，稍加搅拌，读数时电极应静止不动，以免数字跳动不稳定。

（4）使用时复合电极的玻璃泡和半透膜小孔要浸入溶液中。

（5）使用前要用标准缓冲液矫正电极，常用的三种标准缓冲液 pH 为 4.00、6.88 和 9.23（20℃），精度为 ±0.002pH 单位。矫正时先将电极放入 pH6.88 的标准缓冲液中，用 pH 计上的"标准"旋钮矫正 pH 读数，然后取出电极洗净，再放入 pH4.00 或 pH9.23 的标准缓冲液中，用"斜率"旋钮矫正 pH 读数，如此反复多次，直至二点矫正正确，再用第三种标准缓冲液检查。标准缓冲液不用时应冷藏。

（6）注意防止电极的玻璃泡溶液被污染。若测定高浓度蛋白质的 pH 时，玻璃泡表面覆盖一层蛋白质膜，不易洗净而干扰测定，此时可用 1mg/mL 胃蛋白酶的 0.1mol/L HCl 溶液浸泡过夜。若被油脂污染，可用丙酮浸泡。若电极保存时间过长，矫正数值不准时，可将电极放入 2mol/L KCl 溶液中，40℃加热 1h 以上，进行电极活化。

2. pH 测定的误差

（1）Na^+ 的干扰：多数复合电极对 Na^+ 和 H^+ 都非常敏感，尤其是在高 pH 的碱性溶液中 Na^+ 的干扰更加明显。例如，当 Na^+ 浓度为 0.1mol/L 时，可使 pH 偏低 0.4～0.5 单位。为减少 Na^+ 对 pH 测定的干扰，每个复合电极都应附有一条矫正 Na^+ 干扰的标准曲线，有的新式的复合电极具有 Na^+ 不透过性能。

（2）浓度效应：溶液的 pH 与溶液中缓冲离子浓度有关，因为溶液 pH 取决于溶液中的离子活度而不是浓度，只有在很低浓度的溶液中，离子的活度才与其浓度相等。生物化学实验中经常配制比使用浓度高 10 倍的"储存液"，使用时再稀释到所需浓度，由于浓度变化很大，溶液 pH 会有变化，因而稀释后仍需对其 pH 进行调整。

（3）温度效应：有的缓冲液的 pH 受温度影响很大，如 Tris 缓冲液，因而配制和使用都要在同一温度下进行。

附录7　生物化学实验常用词中英文对照

		A		
			agar	琼脂
absorbance	吸光度		agarose gel electrophoresis	琼脂糖凝胶电泳
absorption chromatography	吸附层析		agarose gel	琼脂糖凝胶
acridine orange	吖啶橙		amino black 10B	氨基黑 10B
acrylamide，Acr	丙烯酰胺		ammonium persulphate，Ap	过硫酸铵

B

blood sugar，BS	血糖
blue dextran	蓝色葡聚糖

C

carboxymethyl cellulose，CMC	羟甲基纤维素
cellulose acetate film electrophoresis，CAME	醋酸纤维薄膜电泳
centrifugal force	离心力
centrifugal technology	离心技术
chromatography	层析法
Coomassie brilliant blue，CBB	考马斯亮蓝

D

dansyl chloride，DNA-CL	丹磺酰氯
dextran	葡聚糖
diethylaminoethyl cellulose membrane	二乙氨基乙基纤维素膜
diphenylamine	二苯胺
disc electrophoresis	圆盘电泳

E

electrophoresis	电泳
electrophoretic technique	电泳技术
ethidium bromide，EB	溴化乙锭
ethylene diaminetetraacetic acid，EDTA	乙二胺四乙酸
extinction，E	消光度

F

fluorescamine	荧光胺
fluorspectrophotometry	荧光分光光度法
frictional resistance	摩擦阻力

G

gel filtration chromatography	凝胶过滤层析
glucose oxidase	葡糖氧化酶

I

ion exchange chromatography	离子交换层析
ion exchange resin	离子交换树脂
isoelectric focusing，IEF	等电聚焦
isoelectric point	等电点

M

mercapto-ethanol	巯基乙醇
methyl green	甲基绿

N

N，N，N'，N'-tetramethylethylenediamine，TEMED	四甲基乙二胺
N，N'-methylene-biscryamide，Bis	N，N'-亚甲基双丙烯酰胺
naphthol blue black	萘酚蓝黑

O

optical density，OD	光密度

P

partition chromatography	分配层析
peroxidase，POD	过氧化物酶
pI	等电点
plasmid	质粒
polyacrylamide gel electrophoresis，PAGE	聚丙烯酰胺凝胶电泳
polymerase chain reaction，PCR	聚合酶链反应

R

relative centrifugal force，RCF	相对离心力
relative mobility，R_f	相对迁移率

S

Schiff base	希夫碱
sephadex gel	交联葡聚糖凝胶
sodium dodecyl sulfate，SDS	十二烷基硫酸钠

spectrophotometry	分光光度法
standard curve	标准曲线
sudan black B	苏丹黑 B

T

toluidine blue	甲苯胺蓝
transmittance	透光率
two-dimensional gel electrophoresis	双向凝胶电泳

附录8　生物化学常用网络资源

网站名称	网址
美国国家生物技术信息中心（NCBI）	https://www.ncbi.nlm.nih.gov/
PubMed 数据库	http://pubmed.cn/
中国生物化学与分子生物学学会	http://www.csbmb.org.cn/
北京大学生命科学学院	http://www.bio.pku.edu.cn/
小木虫	http://muchong.com/
中国生物化学与分子生物学报	http://cjbmb.bjmu.edu.cn/CN/volumn/home.shtml
中国生物工程杂志	http://swgj.chinajournal.net.cn
生物技术通报杂志	http://514.qikan.qwfbw.com/